●現代基礎数学 2
新井仁之・小島定吉・清水勇二・渡辺 治 編集

コンピュータと数学

高橋正子 著

朝倉書店

編集委員

新井仁之　　東京大学大学院数理科学研究科

小島定吉　　東京工業大学大学院情報理工学研究科

清水勇二　　国際基督教大学教養学部理学科

渡辺　治　　東京工業大学大学院情報理工学研究科

#　ま え が き

　20 世紀半ばに誕生したコンピュータ[*1)]が大小さまざまに形を変えて世界中に広がり，人々の生活や社会の構造，学術文化のあり方に至るまで大きな影響を与えつつあることに驚かされます．本書は，そのコンピュータに何ができて何ができないかを数学的に理解したい，またその理解を更に深めたいと考える若い人々（もしくは若い心の持主）に向けて書かれています．

　コンピュータが行う仕事を一言でいうと，デジタルデータに対する処理手順を記したソフトウェア（プログラム）とその処理の対象となるデータとを渡され，ハードウェア上で誤りなくその処理を実行することです．

　本書では，計算の対象を自然数に限定し，まず自然数関数の計算手順を記述するための簡単な人工言語を用意しその使い方を説明します．その上で，自然数関数がその言語で書かれたプログラムを使って計算されるための必要十分条件を数学的な議論を積み重ねながら丁寧に導きます．

　この条件は実は私たちが使用した言語に特有のものではなく，この分野[*2)]の研究でこれまでに提案された計算モデル[*3)]のそれぞれについて当てはまると同時に，第二次世界大戦末期にフォン・ノイマン（von Neumann）が未完のまま

[*1)]　本書では，いわゆる「フォン・ノイマン型」（または「プログラム内蔵方式」）のコンピュータを単にコンピュータとよびます．

[*2)]　数理論理学の一部で機械的な計算手順（アルゴリズム）とは何かを問うために 1930 年頃から始まった分野であり，計算論（theory of computation）とか再帰的（あるいは帰納的）関数論（theory of recursive functions）とよばれています．なお，上の条件を満たす自然数関数を再帰的（または帰納的）関数といいます．

[*3)]　計算の本質を表すために考えられた数学的または論理的な枠組みを指します．

関係者に配布した新しい計算機の論理設計に多くの研究者や技術者が協力した結果 1940 年代末に英国で完成した最初のコンピュータについても，またその後のハードウェア/ソフトウェア両面における数々の技術革新を経て到達した今日のコンピュータについても，やはり同じことがいえます[*4]．

以上が本書の前半の紹介ですが，後半では上の結果をもとに導かれる計算に関する興味ある話題のいくつかを取り上げ考察します．その内容の一部を含めて本書の主な特徴二つをあげると次のとおりです．

1) この分野の導入部でこれまで重要な役割を演じてきた原始再帰的関数の考え方[*5]に苦手意識をもつ初学者が少なくないことを感じていましたが，今回，原始再帰的関数の中で高校の数学に登場する演算を使って表される初等関数[*6]により原始再帰的関数の使用が大幅に置き換えられることに気付いたため，本書では無理のない範囲でその置き換えを行いました．それによって初学者の負担が軽くなることが期待される他に，これまで知られていた定理の内容が一部強化されました[*7]．

2) 初等関数の集合と原始再帰的関数の集合の間には，前者を段階的に無限回拡大することにより最終的に後者全体を覆うグルジェゴルチック（Grzegorczyk）階層とよばれる可算無限の階層があります．これによって原始再帰的関数全体の内部構造が視覚的なイメージをもって捉え易くなるため，例えば有名なアッカーマン（Ackermann）関数の理解が深ま

[*4] ただし，現実のコンピュータには例えば計算中に扱える数値の大きさや記憶容量などに関して物理的な制限があるのに対して，自然数関数の場合にはそれらの制限はありません．そのため両者について上で述べた結果はより正確にいうと，「現実のコンピュータの物理的制限は必要に応じて（例えばメモリの増設などにより）回避できる」という理想化された状況の下での話です．なお，計算における効率の問題（どれだけ早くどれだけ少ないスペースで計算できるか）は計算の複雑さともよばれ，応用上はもちろん理論的にも重要ですが，本書の特に第 1～4 章で取り上げるのはそのための基礎となる計算可能性（計算できるか否か）の問題です．
[*5] 既知の二つの関数にある種の関数演算を適用して新しい関数を定義する操作を原始再帰法といい，その方法で次々に新しい関数を定義しながら議論を進めるものです．
[*6] カルマー（Kalmar）[4]によって導入された概念で，定数と変数に四則演算，総和演算 $\sum$，総積演算 $\prod$ を有限回使って表される自然数関数を指します．
[*7] 例えばクリーネ（Kleene）の標準形定理（定理 3.4.3）はその一例です．

るなど，初学者にとっても興味あるテーマであろうと思います．また同時に，本書で取り上げたものに限らずこの種の階層の考え方をより深く追究することにより，例えば計算の複雑さを数学的に研究しようと志す方々にとって有用な視点が得られるのではないかと思います．ただし，残念ながらこのテーマについて学ぶための文献が私の知る限り国内外ともにかなり限られているため，本書の第 5, 6 章でこの話題を丁寧に解説しています．

以上の説明でお気付きかと思いますが，本書の第 1～3 章はプログラムまたは大学の数学に不慣れな方が独学で読み進むことができるように配慮して書かれています．そしてそれらの方が第 1～3 章を読み終えた後，各自の興味に応じて後半の第 4 章または第 5, 6 章のどちらか（または両方）を読み進めていただければ幸いです．一方，その他の読者にとって本書はやや個性的なテキストとして適当な箇所を選んでセミナーなどで使用することが可能かと思います．

歴史的にいうと，本書の第 1～4 章は主に 1930 年代の顕著な結果とその周辺の話題を今日の視点でまとめたもので，第 4 章の一部と第 5, 6 章は主に 1950 年代に得られた結果です．そのような古い話を今更といわれるかもしれませんがある意味で時代に先んじて世に出た初期の研究が，折に触れて新しい風を受け次の世代に受け継がれていくことがあってもよいのではないかと思います．

本書の執筆にあたり，法政大学の倉田俊彦氏に執筆途中の原稿を何度か見ていただき，鋭い指摘や助言の数々をいただき，それらが内容の大きな改善につながるとともに，必ずしも最適でない環境の中で執筆を最後まで続ける支えとなったことを心から感謝しています．また，執筆の機会を与えてくださった編集委員の先生方および忍耐強く原稿の完成を待ってくださった朝倉書店編集部の皆様に厚くお礼を申し上げます．

2016 年 4 月

高橋 正子

数学的用語，記法など

自然数について
- 0 以上の整数を自然数（または単に数）とよび，その全体を $\mathbb{N}$ で表す．
- 自然数上の足し算 $+$，掛け算 $\times$，引き算 $\dot{-}$，割り算 $\div$ を自然数に対する四則演算とよぶ．ただし

$$x \dot{-} y \stackrel{\text{def}}{=} \begin{cases} x - y & x \geq y \text{ のとき}, \\ 0 & x < y \text{ のとき}. \end{cases}$$

$$x \div y \stackrel{\text{def}}{=} \begin{cases} \dfrac{x}{y} \text{ の整数部分} & y > 0 \text{ のとき}, \\ x & y = 0 \text{ のとき}. \end{cases}$$

- すべての自然数 x について性質 $p(x)$ が成り立つことを示すのにしばしば使われる証明法として数学的帰納法と累積（または完全）帰納法がある．

 まず，数学的帰納法はよく知られているように

 1) $p(0)$ と，すべての自然数 x について「$p(x)$ ならば $p(x+1)$」

 を示すことにより

 2) すべての自然数 x について $p(x)$

 が成り立つことを導く証明法である．それに対して，累積帰納法は

 1') すべての自然数 x について「もし x 未満のすべての自然数 y について $p(y)$ が成り立つなら，$p(x)$ も成り立つ」

 を示すことにより 2) を導く証明法である（演習問題 2.4 を参照）．

集合について
- 集合 X が集合 Y の部分集合である（すなわち，X の各要素が Y の要素で

もある）ことを $X \subseteq Y$ で表し，$X \subseteq Y$ かつ $Y \subseteq X$ のとき X と Y は等しいといいそのことを $X = Y$ で表す．また，$X \subseteq Y$ かつ $X \neq Y$ のとき，X は Y の真部分集合であるといいそのことを $X \subset Y$ で表す．

- 集合 X と Y の和集合と共通部分をそれぞれ $X \cup Y$ と $X \cap Y$ で表し，集合の列 $\{X_i\}_{i \in I}$ の和集合と共通部分をそれぞれ $\bigcup_{i \in I} X_i$ と $\bigcap_{i \in I} X_i$ で表す．また，集合 X の要素で Y の要素でないものの全体 $\{x \in X \mid x \notin Y\}$ を $X - Y$ で表す．空集合（要素のない集合）を $\emptyset$ で表す．例えば，$X \subseteq Y$ のとき $X - Y = \emptyset$.

- 集合 X の要素 x と集合 Y の要素 y の組 (x, y) 全体からなる集合 $\{(x, y) \mid x \in X$ かつ $y \in Y\}$ を X と Y の直積といい，$X \times Y$ で表す．集合 X の要素を（重複を許して）$n \geq 0$ 個並べた列 $(x_1, x_2, \ldots, x_n)$ を X 上の長さ n の列といい，その全体を X^n と書く．すなわち $X^n = \{(x_1, x_2, \ldots, x_n) \mid x_1, x_2, \ldots, x_n \in X\}$ かつ $X^2 = X \times X$．ただし，列の両端の括弧は時に省略する．特に，長さ 1 の列の場合は常に省略し，したがって X^1 は X を表す．X^0 は空列（長さ 0 の数列）のみからなる単元集合である．なお，本書では $\mathbb{N}$ 上の列を数列という．

関数について

- 集合 X の各要素 x に集合 Y の要素 $f(x)$ を対応させる X から Y への関数を $f : X \to Y$ で表し，X をその定義域とよび $\mathrm{dom}(f)$ で表す．また $f(X) \stackrel{\mathrm{def}}{=} \{f(x) \mid x \in X\}$ をその値域とよぶ．特に $f(X) = Y$ のとき，f を X から Y の上への関数といいそのことを $f : X \xrightarrow{\mathrm{onto}} Y$ で表す．また，f が X の異なる要素に対して Y の異なる要素を対応させるとき，f を 1 対 1 関数といいそのことを $f : X \xrightarrow{1-1} Y$ で表す．

- 自然数の集合 $\mathbb{N}$ から集合 X の上への 1 対 1 関数があるとき X を可算集合といい，X が有限集合かまたは可算集合のとき X を高々可算集合という．

- 関数 $f : X \to Y$ と $f' : X' \to Y'$ の定義域 X と X' が等しく，かつその各要素 x に対する関数値 $f(x)$ と $f'(x)$ が等しいとき，f と f' は関数として等

しいといい，そのことを $f = f'$ で表す．

- 関数 $f: X \to Y$ に対して，集合 $\Gamma_f \overset{\text{def}}{=} \{(x, y) \in X \times Y \mid f(x) = y\}$ を f のグラフという．関数 $f: X \to Y$ と $f': X' \to Y'$ のあいだに $\Gamma_f \subseteq \Gamma_{f'}$，すなわち $\text{dom}(f) \subseteq \text{dom}(f')$ かつ各 $x \in \text{dom}(f)$ に対して $f(x) = f'(x)$ が成り立つとき，関数 f' を f の拡大という．

- $f: X \to Y, f': X' \to Y'$ かつ $f(X) \subseteq X'$ のとき，$(f' \circ f)(x) \overset{\text{def}}{=} f'(f(x))$ で定義される関数 $f' \circ f : X \to Y'$ を f と f' の合成関数という．ただし本書では上の条件 $f(X) \subseteq X'$ が成り立たなくても合成関数の記法を用いることがあり，そのとき

$$\begin{cases} (f' \circ f)(x) \overset{\text{def}}{=} f'(f(x)) & f(x) \in X' \text{ のとき}, \\ (f' \circ f)(x) \text{ の値は定義されない} & \text{それ以外のとき} \end{cases}$$

とする．一般に関数に対する合成演算 $\circ$ は結合法則 $f'' \circ (f' \circ f) = (f'' \circ f') \circ f$ を満たす．

- 関数 $f: \mathbb{N} \to \mathbb{N}$ が各 $n \in \mathbb{N}$ に対して $f(n) < f(n+1)$ を満たすとき f は単調増加（increasing）であるといい，各 $n \in \mathbb{N}$ に対して $f(n) \leq f(n+1)$ を満たすとき f は単調非減少（non-decreasing）であるという．

その他（略記法など）

- 「$A \iff B$」は A が成り立つときかつそのときに限り B が成り立つことの略記であり，「$A \implies B$」は A が成り立つとき B も成り立つことの略記である．
- 「すべての自然数 x について … が成り立つ」というとき，「すべての自然数 x について」の部分を省略することがある（それに対して特定の条件のもとで … が成り立つときはもちろんその条件を明記する）．
- 関数のよび方には，例えば $\exp$ や $\exp : \mathbb{N}^2 \to \mathbb{N}$, $\exp : (x, y) \mapsto x^y$ などいくつかあるが，誤解の恐れがなければ関数値の一般形である $\exp(x, y)$ や x^y で関数 $\exp$ を指すこともある．

目　　次

1. 簡単なプログラムによる計算の表現 ································ 1
   1.1 N プログラム ·· 1
   1.2 while プログラム ··· 4
   1.3 N プログラムと while プログラムの表現力 ······················ 6
   1.4 while プログラムの第一標準形定理 ····························· 10

2. 初等関数と N プログラム ··· 15
   2.1 再帰的定義 ·· 15
   2.2 初等関数と初等述語 ·· 18
   2.3 初等関数と N プログラム ······································ 27
   2.4 自然数列のコード化 ·· 31
   2.5 while プログラムの第二標準形定理 ····························· 34
   2.6 反復関数と最小解関数 ·· 38

3. 原始再帰的関数と再帰的関数 ······································ 45
   3.1 原始再帰法と原始再帰的関数 ···································· 45
   3.2 初等関数と原始再帰的関数 ······································ 49
   3.3 再帰的関数と N プログラム ···································· 53
   3.4 クリーネの標準形定理とその応用 ································ 58

4. 万能関数と再帰定理 ·· 67

- 4.1 N プログラムに対する万能プログラム 67
- 4.2 計算不可能な関数と決定不能な問題 73
- 4.3 再帰定理とその応用 81
- 4.4 漸化式による関数の定義とその計算可能性について 84

5. 原始再帰的関数の階層 $\{\mathcal{F}_j\}$ 91
- 5.1 限定原始再帰法と初等関数 91
- 5.2 関数列 $\{h_j\}$ 94
- 5.3 関数の階層 $\{\mathcal{F}_j\}$ 96
- 5.4 階層 $\{\mathcal{F}_j\}$ と原始再帰的関数 101
- 5.5 階層 $\{\mathcal{F}_j\}$ と初等関数 106
- 5.6 階層 $\{\mathcal{F}_j\}$ とアッカーマン関数 109

6. loop プログラムと階層 $\{\mathcal{F}_j\}$ 115
- 6.1 諸 定 義 115
- 6.2 loop プログラムの深さ vs. 計算時間 119
- 6.3 階層 $\{\mathcal{L}_j\}$ と $\{\mathcal{F}_j\}$ 123

- あ と が き 132
- 参 考 文 献 139
- 演習問題略解 141
- 索   引 150

第 1 章

簡単なプログラムによる
計算の表現

CHAPTER 1

1.1　Ｎ プ ロ グ ラ ム

　本章では，自然数関数を計算する手順を曖昧さなく示すための方法として，流れ図（flowchart）形式の N プログラムと，キーボードから打ち込む記号列の形の while プログラムを紹介し，その両者の表現力が等しいことを示す．

定義 1.1.1（N プログラム）．　自然数上の関数を計算する手順を正確に記述するため，図 1.1 に示す 4 種類の命令を組み合わせて作られる有限の有向グラフを N プログラムとよぶ．ただし，一つのプログラム中に入力（かつ開始）命令と出力（かつ停止）命令は各々一つずつで，代入命令と判定命令はいくつあってもよい．また，N プログラム中の x, y, ... は（自然数を値とする）変数であり，$t, t', \ldots$ は算術式（変数と定数と四則演算 $+, \dotminus, \times, \div$ を有限回使って構成される式）を表す．なお，入力命令中の変数を入力変数とよび，出力命令中の変数を出力変数とよぶ．入力変数は有限個（0 個以上）の相異なる変数とする．

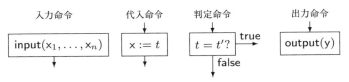

図 1.1　N プログラムで使用する命令

例 1.1.2. 自然数 x と y の最大公約数 $\gcd(x,y)$ を計算するための方法としてユークリッド（Euclid）の互除法が古くから知られている．これは次の漸化式

$$\gcd(x,y) = \begin{cases} \gcd(y, \bmod(x,y)) & y > 0 \text{ のとき,} \\ x & y = 0 \text{ のとき} \end{cases} \tag{1.1}$$

を任意の自然数の対 (x,y) に対して繰り返し適用することにより，例えば

$$\gcd(525, 42) = \gcd(42, 21) = \gcd(21, 0) = 21$$

のようにして関数 $\gcd : \mathbb{N}^2 \to \mathbb{N}$ の値 $\gcd(x,y)$ を求める方法である．ただし $\bmod(x,y) = x \mathbin{\dot{-}} ((x \div y) \times y)$，かつ $\gcd(x,0) = \gcd(0,x) = x$ とする．この計算手順を N プログラムを使って次のように表すことができる[*1]．

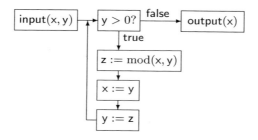

図 1.2 gcd を計算する N プログラム

定義 1.1.3（N プログラムで計算される関数）．P が n 個の入力変数 $\vec{x} = (\mathsf{x}_1, \mathsf{x}_2, \ldots, \mathsf{x}_n)$ をもつ N プログラムのとき，P によって**計算される関数** φ_P を次のように定める：はじめに P の入力命令で入力変数 $\mathsf{x}_1, \mathsf{x}_2, \ldots, \mathsf{x}_n$ の初期

[*1] この種のプログラムにはじめてふれる読者のためにこの図の読み方を説明する．最初に入力命令で入力変数 x と y に任意の自然数 x と y を読み込み，次いで矢印に従い判定命令 y > 0? に進む．そこで y > 0 の真偽を調べ，もし真なら true の矢印に沿って代入命令 z := mod(x,y) に進み，偽（つまり $y = 0$）なら false の矢印に沿って出力命令に進み変数 x のそのときの値を出力して計算を終わる．一方，前者の場合は代入命令 z := mod(x,y) の右辺の値（すなわち，変数 x の値を y の値で割った余り）を計算してその値を変数 z におき，続く二つの代入命令で，変数 y の値を変数 x におき，次いで変数 z の値を変数 y におく（この連続した三つの代入命令により例えば上の $\gcd(525, 42)$ の計算における $\gcd(525, 42) = \gcd(42, 21)$ の部分の計算が行われる）．そして，上向きの矢印に沿って先の判定命令に戻る．なお，N プログラムを図示するさい，同じ命令に向かう矢印が複数あるときそれらをまとめて図 1.2 のように表す．

値として任意の自然数 $x_1, x_2, \ldots, x_n$[*2]を読み込み，P 中のその他の変数の初期値を 0 にセットする．そして，入力命令から矢印に沿って途中の代入命令および判定命令の指示に従い，変数の値を更新しながら経路を進んだとき，やがて出力命令に到達しそのとき出力変数 y の値が y ならば

$$\varphi_P(x_1, x_2, \ldots, x_n) = y$$

とおく．一方，上の初期設定のもとでプログラム P が永久に出力命令に到達しないときは $\varphi_P(x_1, x_2, \ldots, x_n)$ の値は定義されない．このため P によって計算される関数 φ_P の定義域は一般に $\mathbb{N}^n = \{(x_1, x_2, \ldots, x_n) | x_1, x_2, \ldots, x_n \in \mathbb{N}\}$ の部分集合である．

この φ_P のように，定義域が $\mathbb{N}^n$ の部分集合で値域が $\mathbb{N}$ の部分集合である関数 φ を n 変数の（または $\mathbb{N}^n$ から $\mathbb{N}$ への）**部分関数**（partial function）とよび，本書ではそのことを $\varphi : \mathbb{N}^n \leadsto \mathbb{N}$ で表す．その場合，φ の $\vec{x} \in \mathbb{N}^n$ に対する値が定義されているか否かを簡単にそれぞれ $\varphi(\vec{x})\downarrow$ と $\varphi(\vec{x})\uparrow$ で表す[*3]．なお，特に φ の定義域が $\mathbb{N}^n$ 全体のとき（つまり $\varphi : \mathbb{N}^n \to \mathbb{N}$ のとき），そのことを強調する意味で φ を $\mathbb{N}^n$ から $\mathbb{N}$ への**全域関数**（total function）ともいう[*4]．

[*2] 本書では特に断らない限りプログラム中の変数 x, y, ... の値を $x, y, \ldots$ で表す．（字体に注意！）

[*3] 上の記法 $\varphi(\vec{x})\downarrow$ を使うと部分関数 $\varphi : \mathbb{N}^n \leadsto \mathbb{N}$ の定義域は $X \stackrel{\text{def}}{=} \{\vec{x} \in \mathbb{N}^n \mid \varphi(\vec{x})\downarrow\}$ であり，φ の実体は $f : \vec{x} \mapsto \varphi(\vec{x})$ で定義されたふつうの関数 $f : X \to \mathbb{N}$ にほかならない．その意味で部分関数 $\varphi : \mathbb{N}^n \leadsto \mathbb{N}$ はこの関数 $f : X \to \mathbb{N}$ の定義域に関する情報を（$\mathbb{N}^n$ の部分集合という）大雑把な表現に置き換えたものと見て，一般に部分関数 $\varphi : \mathbb{N}^n \leadsto \mathbb{N}$ を単に関数 $\varphi : \mathbb{N}^n \leadsto \mathbb{N}$ ともいう．

ところで，計算論では部分関数の形で関数が表示されることが少なくないが，なぜそうなのかと考えると，次の事情が関係しているかもしれない．P で計算される関数 φ_P が，必ずしもすべての入力に対して出力結果を出さない場合，φ_P の定義域の情報は，（もちろんプログラム P の中に間接的には蓄えられているものの）プログラムを見ればすぐ分かるというほど単純なものばかりとは限らない．特にコンピュータでその情報を調べようとすると，有限時間内に結果が必ず出るという保証はなく，もしかすると無限の時間が必要かもしれないのである．この話題について詳しくは 4.2 節を参照されたい．

[*4] 本書では φ, ψ などで（自然数上の）部分関数を表し，f, g, h などで（自然数上の）全域関数を表す．また，a, b, c, x, y, z などで自然数を表し，$\vec{x}, \vec{y}$ などで自然数の有限列を表す．

例 1.1.4. P が次図の N プログラムのとき

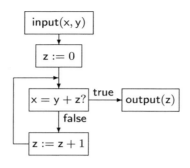

入力変数 x,y に自然数 x,y を入力すると，もし $x \geq y$ なら P は $x-y$ を出力し，そうでないとき P はループをまわり続けて止まらない．すなわち，

$$\begin{cases} \varphi_P(x,y) = x-y & x \geq y \text{ のとき,} \\ \varphi_P(x,y)\uparrow & x < y \text{ のとき.} \end{cases}$$

注意 1.1.5. 算術式のあいだの不等式は，自然数の引き算 $\dot{-}$ を使って算術式間の等式として次のように表される．

$$t \leq t' \iff t \dot{-} t' = 0,$$
$$t < t' \iff (t+1) \dot{-} t' = 0.$$

このため，N プログラムの判定命令における判定条件として算術式間の等式 $t = t'$ だけでなく，不等式 $t \leq t'$ および $t < t'$ を（それぞれ $t \dot{-} t' = 0$ および $(t+1) \dot{-} t' = 0$ の略記として）以後断りなく用いる．

1.2 while プログラム

コンピュータのプログラムはふつう N プログラムのような流れ図の形ではなく，while や if などの構文を使った記号列の形で表される．以下でそのような形のプログラムと N プログラムの関係について調べる．

定義 1.2.1. while プログラム は一般に

入力命令; 文; 文;···; 文; 出力命令

の形であり，これによって次の N プログラムを表す．

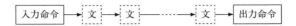

ただし，(while プログラムの) 文 (statement) とは次の 3 種類

代入文	$\mathsf{x} := t$
if 文	if $t = t'$ then [文; 文;···; 文] else [文; 文;···; 文]
while 文	while $t = t'$ do [文; 文;···; 文]

のいずれかでありこれらはそれぞれ下図に示す N プログラムの断片を表す[*5)]．

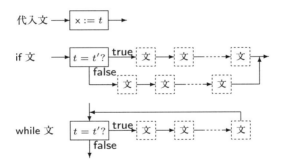

[*5)] すなわち，代入文は N プログラムの代入命令そのものであり，if 文は判定条件 $t = t'$ の真偽に従って then に続く文の列かまたは else に続く文の列を実行する．while 文は，まず判定条件 $t = t'$ の真偽を調べ，もしそれが真なら do に続く文の列を 1 回実行したのち，再び判定条件をチェックし，それがまた真なら do に続く文の列をもう一度実行したのち ··· ということを判定条件が偽になるまで繰り返し行う．(もし判定条件が永久に真であり続ければその while 文の計算は永久に続き，したがってそれ以降の文の計算が始まることはない．また，もし判定条件が初回に偽であれば，do に続く文の列は一度も実行せずその while 文の実行を終わる．) なお，上で文の列とよんだ「文; 文;···; 文」の部分は，(while プログラムの) 文をセミコロンをあいだに挟みながら (0 個以上) 有限個並べたもので，それらの文を左から右へ一つずつ順に実行することを意味する．なお，ここで「文」の定義中に「文」が登場しているが，それは文の一部に別の文が (場合によっては入れ子状に何重にも) 含まれうることを意味する．その種の定義については改めて 2.1 節で取り上げる．

例 **1.2.2.** $\gcd(x,y)$ を計算する while プログラムの例を示す．

> input(x, y);
> while y > 0 do [z := mod(x, y); x := y; y := z];
> output(x)

1.3 N プログラムと while プログラムの表現力

定理 1.3.1. 任意の N プログラム P に対して，P と同じ関数を計算する while プログラム P' がある．

証明 以下の図 1.3 の N プログラム P について証明の考え方を説明する[*6]．

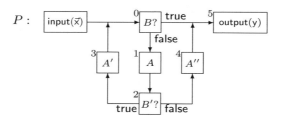

図 **1.3** サンプルプログラム P

はじめに P の入力命令以外のすべての命令に図 1.3 のように一連番号をつけ[*7]，番号 i のついた命令を第 i 命令とよぶ．そして，P が計算を行う過程で次々に実行する命令の番号を特別な変数 u に記憶しながら P の計算を忠実に模倣する新しい N プログラム P' を次のように構成する：P' はまず P と同じ入力命令を実行したのち，P が次に実行すべき命令の番号 0 を変数 u に記憶する．次いで P' は，「第 u 命令を実行したのち P が次に実行すべき命令の番号を改めて変数 u に記憶する」という操作を，次に実行すべき命令が出力命令になるま

[*6] ここでは N プログラムの形に注目し，個々の命令の中身に立ち入る必要はないため，代入命令を A, A' などで，判定命令を B, B' などで表す．

[*7] 簡単のため，入力命令の次に実行する命令を 0 番とし，出力命令には最後の番号をつける．

1.3 N プログラムと while プログラムの表現力

で繰り返し行う．そして最後に P の出力命令を P' も実行して止まる[*8]．

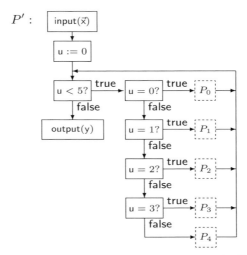

図 1.4 プログラムカウンタ u を使ったプログラム P' の構成

上で述べた P' の働きは図 1.4 の N プログラムで表される．ただし図中の各 P_i は P の第 i 命令が代入命令か判定命令かに従い図 1.5 のように定める．

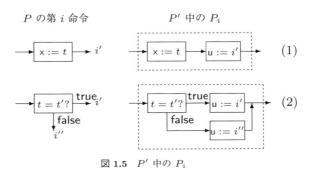

図 1.5 P' 中の P_i

図 1.4 の各 P_i をそのように置き換えた結果は次のとおりである．

[*8] P' における変数 u の役割をプログラムカウンタ（program counter）という．

8   1. 簡単なプログラムによる計算の表現

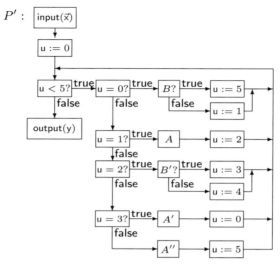

図 1.6　P と同じ関数を計算する N プログラム P'

こうして得られたプログラム P' が各入力データに対して行う計算の過程は，同じ入力データに対する P の計算過程と（変数 u に対する操作を除いて）一致する．そのため P' の計算する関数は P の計算する関数と等しい．さらに，P' は次の while プログラムで表される．

   input($\vec{x}$);　u := 0;
   while u < 5 do
    [if u = 0 then [if B then [u := 5] else [u := 1]] else
     [if u = 1 then [A;　u := 2] else
      [if u = 2 then [if B' then [u := 3] else [u := 4]] else
       [if u = 3 then [A';　u := 0] else
        [A'';　u := 5]]]]];
   output(y)

一般の N プログラム P の場合，P 中に現れる代入命令と判定命令の総数 k が 1 以上なら，上と同様にして P と同じ関数を計算する次の形の while プログ

ラム P' が得られる[*9].

$$P': \quad \text{input}(x_1,\ldots,x_n);\ \ u := 0;$$
$$\text{while } u < k \text{ do}$$
$$[\text{if } u = 0 \text{ then } [P_0] \text{ else}$$
$$[\text{if } u = 1 \text{ then } [P_1] \text{ else}$$
$$\cdots$$
$$[\text{if } u = k-2 \text{ then } [P_{k-2}] \text{ else}$$
$$[P_{k-1}]] \cdots]];$$
$$\text{output}(y)$$

図 1.7 P と同じ関数を計算する while プログラム P'

一方, $k = 0$ のとき P は明らかに while プログラム input$(x_1,\ldots,x_n)$; output(y) で表される. □

注意 1.3.2. 前定理の N プログラム P と P' のあいだには $\varphi_P = \varphi_{P'}$ (つまり, P の計算する関数と P' の計算する関数は等しい) という関係が成り立つ.

ところで一般に, 二つの関数 $\varphi, \psi : \mathbb{N}^n \rightsquigarrow \mathbb{N}$ が等しい (すなわち, $\varphi = \psi$) とは, 各 $\vec{x} \in \mathbb{N}^n$ に対して「$\varphi(\vec{x})$ と $\psi(\vec{x})$ は同じ値をもつか, またはともに値をもたない」ことを意味する. 以後簡単のため, 上の「$\cdots$」の部分を記号 $\simeq$ を使って $\varphi(\vec{x}) \simeq \psi(\vec{x})$ と書く. すると

$$\varphi = \psi \iff \forall \vec{x} \in \mathbb{N}^n \, [\varphi(\vec{x}) \simeq \psi(\vec{x})]$$

が成り立つ. なお, ここで文脈その他から例えば $\psi(\vec{x})\!\downarrow$ であることが明らかなとき, $\varphi(\vec{x}) \simeq \psi(\vec{x})$ は「$\varphi(\vec{x})$ は値をもち, その値は $\psi(\vec{x})$ と等しい」ことを意味する.

系 1.3.3. N プログラムで計算される関数の全体 $\mathcal{N}$ は while プログラムで計算される関数の全体 $\mathcal{W}$ と等しい.

[*9] 特に $k = 1$ のとき P' は input$(\vec{x})$; $u := 0$; while $u < 1$ do $[P_0]$; output(y) の形である.

証明 前定理より，任意の N プログラムに対してそれと同じ関数を計算する while プログラムがある．一方，定義よりすべての while プログラムはそれ自身（特別な形の）N プログラムであるから逆も成り立つ． □

1.4 while プログラムの第一標準形定理

本節では，前節の定理 1.3.1 の考え方をさらに一歩進めて N プログラムで計算される関数を「同時代入」という概念を用いて簡潔に表現できること（定理 1.4.1）を示す．この事実は後に N プログラムで計算される関数を数学的に特徴づけるさい役立つ．

N プログラムの代入命令は一度に一つの変数に対する代入を行うが，その拡張として複数個の相異なる変数への代入 $y := t, y' := t', \ldots, y'' := t''$ をまとめて同時に行うことも考えられる．すなわち，まず代入すべき右辺の算術式 $t, t', \ldots, t''$ の値をすべて計算し，次いでそれらを一斉に左辺の変数 $y, y', \ldots, y''$ に代入する操作である．このような代入操作を

$$(y, y', \ldots, y'') := (t, t', \ldots, t'') \tag{1.2}$$

で表し，**同時代入**（simultaneous assignment）とよぶ．

それに対して，while プログラムの記法で $y := t;\ y' := t';\ \ldots;\ y'' := t''$ と書かれる一連の代入操作は，書かれた順に一つずつ代入命令を行うもので，これを**逐次代入**（sequential assignment）という．逐次代入はその中の代入命令の順序を変えると意味が変わるが，同時代入の場合はそうではない[*10]．

ところで，同時代入 (1.2) の機能は（逐次代入に基づく）N プログラムの枠内でも実現することができる．そのためには，まず代入前の変数 $y, y', \ldots, y''$ の値を使って同時代入の右辺の値 $t, t', \ldots, t''$ をすべて計算して仮の場所（例

[*10] 例えば，逐次代入 x := y; y := x では y の値が x, y の両方に代入されることになるが，y := x; x := y では x の値が x, y の両方に代入される．それに対して，同時代入 (x, y) := (y, x) と (y, x) := (x, y) ではともに x の値と y の値が交換される．

えば新しい変数 z, z′, ..., z″）におき，次いでそれらの値を対応する左辺の変数 y, y′, ..., y″ に次のように順に代入すればよい．

$$z := t;\ z' := t';\ \ldots;\ z'' := t'';\ y := z;\ y' := z';\ \ldots;\ y'' := z'' \quad (1.3)$$

ただし，この表現は同時代入 (1.2) に比べて視覚的に分かりにくいため，以後 (1.3) の略記法として (1.2) の記法を用いる．すると，例えば先の最大公約数を求めるプログラム（例 1.2.2）は次のように表される．

$$\text{input}(x, y);$$
$$\text{while } y > 0 \text{ do }\ [(x, y) := (y, \bmod(x, y))];$$
$$\text{output}(x)$$

定理 1.4.1（while プログラムの第一標準形定理）． 任意の N プログラム P に対して，P と同じ関数を計算する次の形の while プログラムがある．

$$Q: \quad \text{input}(x_1, \ldots, x_n);$$
$$\text{while } x_0 < k \text{ do }\ [(x_0, x_1, \ldots, x_m) := (t_0, t_1, \ldots, t_m)];$$
$$\text{output}(x_l)$$

ただし，k は P 中の代入命令と判定命令の総数であり，$x_0, x_1, \ldots, x_m$ はこのプログラム上に登場するすべての変数を並べた列で，$t_0, t_1, \ldots, t_m$ はそれらの変数と定数と四則演算からなる算術式である．

証明 P に定理 1.3.1 の証明を適用して得られた while プログラム P'（図 1.7 参照）から以下の手順を経て while プログラム Q を構成する．

1) はじめに，P' 中の各 P_i に対してそれと同じ働きを行う同時代入

$$S_i: \quad (u, x_1, x_2, \ldots, x_m) := (t_0, t_1, t_2, \ldots, t_m)$$

があることを示す．まず，P_i のもとになった P の第 i 命令が代入命令，例えば $x_1 := t$ の場合を考えると，そのとき P_i は $x_1 := t; u := i'$（ただし i' は定数）の形であり，これと次の同時代入

$$(\mathsf{u},\mathsf{x}_1,\mathsf{x}_2,\ldots,\mathsf{x}_m) := (i',t,\mathsf{x}_2,\ldots,\mathsf{x}_m)$$

の（変数 $\mathsf{u},\mathsf{x}_1,\ldots,\mathsf{x}_m$ に対する）働きは同じである[*11]．なお，この考え方は P の代入命令に基づくすべての P_i に対して適用できる．

一方，P の第 i 命令が判定命令のとき，すなわち P_i が

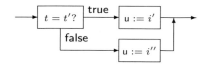

の形のとき，P_i によって変数 u に代入される値は

$$s = \begin{cases} i' & t = t' \text{ のとき}, \\ i'' & t \neq t' \text{ のとき} \end{cases}$$

であり，その他の変数の値は変わらない．

ところでこの s は算術式で表される．なぜなら，

$$\mathrm{case}(x,y,z) \stackrel{\mathrm{def}}{=} (x \times (1 \dot{-} z)) + (y \times (1 \dot{-} (1 \dot{-} z)))$$

で定義される関数 $\mathrm{case} : \mathbb{N}^3 \to \mathbb{N}$ は

$$\mathrm{case}(x,y,z) = \begin{cases} x & z = 0 \text{ のとき}, \\ y & z \neq 0 \text{ のとき} \end{cases}$$

を満たし，さらに，$t = t'$ のときかつそのときに限り $(t \dot{-} t') + (t' \dot{-} t) = 0$ であるから，$s = \mathrm{case}(i', i'', (t \dot{-} t') + (t' \dot{-} t))$ が成り立つ．よって，この右辺を s' とおくと s' は算術式で，同時代入 $(\mathsf{u}, \mathsf{x}_1, \ldots, \mathsf{x}_m) := (s', \mathsf{x}_1, \ldots, \mathsf{x}_m)$ は S_i の条件を満たす．

2) 次に，図 1.7 で示した while プログラム P' 中の各 P_i を上で得た同時代入 S_i でそれぞれ置き換えて得られる while プログラム

[*11] 一般に，逐次代入 $\mathsf{y} := t;\ \mathsf{y}' := t';\ldots;\ \mathsf{y}'' := t''$ の中のどの代入命令の右辺にもそれより左にある代入命令の左辺の変数が現れないなら，その逐次代入と同時代入 $(\mathsf{y}, \mathsf{y}', \ldots, \mathsf{y}'') := (t, t', \ldots, t'')$ の働きは同じである．

1.4 while プログラムの第一標準形定理

$$P'': \quad \text{input}(x_1,\ldots,x_n); \; u := 0;$$
$$\text{while } u < k \text{ do}$$
$$[\text{if } u = 0 \text{ then } [S_0] \text{ else}$$
$$[\text{if } u = 1 \text{ then } [S_1] \text{ else}$$
$$\cdot \quad \cdot \quad \cdot$$
$$[\text{if } u = k - 2 \text{ then } [S_{k-2}] \text{ else}$$
$$[S_{k-1}]] \cdots]];$$
$$\text{output}(x_l)$$

の中で，while 文によって繰り返し実行される $k-1$ 重の if 文（P'' の 3 行目から 7 行目まで）と同じ働きをする同時代入 S がある．

それを示すために P'' 中の各同時代入 S_i を

$$(u, x_1, \ldots, x_m) := (t_{i,0}, t_{i,1}, \ldots, t_{i,m})$$

とするとき，各 $j \leq m$ について

$$t_j = \begin{cases} t_{0,j} & u = 0 \text{ のとき,} \\ t_{1,j} & u = 1 \text{ のとき,} \\ \cdots & \cdots \\ t_{k-1,j} & u = k - 1 \text{ のとき} \end{cases} \quad (1.4)$$

を満たす算術式 t_j があれば，同時代入 $(u, x_1, \ldots, x_m) := (t_0, t_1, \ldots, t_m)$ は明らかに S の条件を満たす．ところで，先の case 関数を使って

$$t_j \stackrel{\text{def}}{=} \sum_{i<k} \text{case}(t_{i,j}, 0, (u \dot{-} i) + (i \dot{-} u))$$

とおくと，case 関数の定義から t_j は算術式で，しかも各 $i < k$ について $u = i$ のとき $t_j = t_{i,j}$ であるから，この t_j は式 (1.4) を満たす．

3) 最後に，P'' 中の $k-1$ 重の if 文を上で得た同時代入 S で置き換えた結果

$$\text{input}(x_1,\ldots,x_n); \; u := 0; \; \text{while } u < k \text{ do } [S]; \; \text{output}(x_l)$$

は明らかに P' と同じ関数を計算する．ところで，N プログラムでは入力変数以外の変数の初期値を 0 と定めたため，この while プログラム中の代入文 u := 0 は省略できる．さらに変数 u を x_0 と書き換えることにより定理の条件を満たす while プログラム Q が得られる．□

演 習 問 題

1.1
(1) すべての自然数 x, y について等式 (1.1) が成り立つことを示せ．
(2) 図 1.2 の N プログラム P にどんな自然数を入力しても無限にループをまわり続けることはない（つまり，すべての自然数 x, y に対して P は出力結果を出す）ことを示せ．

1.2 次の各関数を計算する N プログラムを示せ．
(1) 自然数のべき乗 x^y．
(2) 自然数の階乗 $x!$．
(3) 自然数 x の平方根 $\sqrt{x}$ の整数部分．

1.3 各正整数 n に対して，n 個の自然数の最大値 $\max_n(x_1, x_2, \ldots, x_n)$ と最小値 $\min_n(x_1, x_2, \ldots, x_n)$ は算術式で表されることを示せ．

1.4（素数判定プログラム）2 以上の自然数 x が真の約数（すなわち，1 と x 自身を除く約数）をもたないとき x を素数という．入力された自然数が素数のとき 0 を出力し，そうでないとき 1 を出力する N プログラムを示せ．

第2章
初等関数とNプログラム

CHAPTER 2

2.1 再帰的定義

　数理論理学や計算論の分野では人間の知的活動に内在する論理や計算の構造を数学的に研究するが，そのさい新しい概念（例えば，ある種の数式や関数や集合など）を定義するために再帰的な方法がしばしば用いられる．

　例えば，前章でNプログラムの基本的な演算である算術式を「定数と変数と四則演算を有限回使って表される式」と述べたが，この算術式の定義は数式に対する私たちの常識[*1]を仮定している．常識を仮定せずに算術式を正確に定義する方法の一つに，次に述べる再帰的定義がある．

定義 2.1.1. 算術式（arithmetic expression）の再帰的定義[*2]
- 定数 $0, 1, 2, \ldots$ は算術式である．
- 変数 $x, y, \ldots$ は算術式である．
- t と t' が算術式のとき，$(t+t'), (t\dot{-}t'), (t\times t'), (t\div t')$ も算術式である．
- 上記以外は算術式でない．

[*1] 例えば，$x+y$ は数式だが $x+$ は数式でない．など．
[*2] ここでは簡単のため定数と変数の定義は省略しているが，（例えばプログラミング言語で算術式を定義する場合のように）必要があればそれらについても再帰的定義を与えることができる．なお，本書では読みやすさを考慮し，乗除算を加減算に優先して行うなどの慣習に従い括弧は支障のない限り省略する．

一般に，ある概念（C とする）の**再帰的定義**（recursive definition）は次の形で述べられる．

- $c, c', c'', \ldots$ は C である（C であってそれ以上分解できないものを列挙する）．
- C は演算 $\alpha, \alpha', \alpha'', \ldots$ に関して閉じている．すなわち，α が n 変数の演算で $t_1, t_2, \ldots, t_n$ が C のとき，α を $t_1, t_2, \ldots, t_n$ に適用した結果 $\alpha(t_1, t_2, \ldots, t_n)$ も C である．$\alpha', \alpha'', \ldots$ についても同様である（前項で列挙したもの以外に C であるものがあれば，それらがどのようにしてより単純なものから作られるか，その方法を具体的に述べる）．
- 上記以外は C ではない．

例えば，自然数の再帰的定義は次のとおりである[*3]．

- 0 は自然数である．
- n が自然数のとき，$n+1$ も自然数である．
- 上記以外は自然数ではない．

また，再帰的に定義された概念 C について，ある性質（Φ とする）が常に成り立つことを示すのに次の論法が使える．

- $c, c', c'', \ldots$ について Φ が成り立つ．
- α が n 変数の演算で $t_1, \ldots, t_n$ について Φ が成り立つなら $\alpha(t_1, \ldots, t_n)$ についても Φ が成り立つ．$\alpha', \alpha'', \ldots$ についても同様である．
- ゆえに，C について常に Φ が成り立つ．

このような証明法を C の**構成に関する帰納法**（structural induction）という．数学的帰納法は自然数の構成に関する帰納法にほかならない[*4]．

ところで，上の自然数に対する再帰的定義の中の「自然数」という語をすべて「N の要素」に置き換えると

[*3] 1.2 節で述べた「while プログラムの文」の定義も再帰的定義の例である．
[*4] 正確にいうと，自然数（非負整数）に対する数学的帰納法は「自然数の構成に関する帰納法」であり，正整数に対する数学的帰納法は「正整数の（再帰的定義に基づく）構成に関する帰納法」である．ただし，正整数の再帰的定義は，自然数の再帰的定義の 0 を 1 に置き換えることにより得られる．

- 0 は $\mathbb{N}$ の要素である，
- n が $\mathbb{N}$ の要素のとき $n+1$ も $\mathbb{N}$ の要素である，
- 上記以外は $\mathbb{N}$ の要素ではない

となりこれによって自然数の集合 $\mathbb{N}$ が確定する．このようにして一般に概念 C の再帰的定義をもとに「C であるもの全体の集合」の再帰的定義が得られる[*5]．なお，こうした**集合の再帰的定義**は上のように箇条書きの形で表現されるほかに，「$c, c', \ldots$ から始めて演算 $\alpha, \alpha', \ldots$ を（0 回以上）有限回適用して得られるもの全体の集合」とか，「$c, c', \ldots$ と演算 $\alpha, \alpha', \ldots$ により生成される集合」，あるいは「$c, c', \ldots$ を含み演算 $\alpha, \alpha', \ldots$ のもとで閉じた[*6]最小の集合」ともいう．

次に，関数の再帰的な定義について述べる．そのためにまず関数 $f : U \to V$ は，f のグラフ（graph）とよばれる次の集合

$$\Gamma_f \stackrel{\text{def}}{=} \{(u, v) \in U \times V \mid f(u) = v\}$$

により定まることに注意する．例えば，自然数の足し算 $\text{add} : \mathbb{N}^2 \to \mathbb{N}$ のグラフは $\Gamma_{\text{add}} = \{(x, y, z) \in \mathbb{N}^3 \mid \text{add}(x, y) = z\}$ である．

ところでこの集合 Γ_{add} は，自然数を再帰的に定義するとき用いた「1 を足す」という演算を使って次のように再帰的に定義することができる．

- 各自然数 x について $(x, 0, x) \in \Gamma_{\text{add}}$．
- 各自然数 x, y, z について，$(x, y, z) \in \Gamma_{\text{add}}$ のとき $(x, y+1, z+1) \in \Gamma_{\text{add}}$．
- 上記以外は Γ_{add} の要素ではない．

この Γ_{add} の再帰的定義を関数 add を使った等式で表すと

[*5] 本書に登場する再帰的定義では $c, c', \ldots$ および $\alpha, \alpha', \ldots$ として列挙されるものは高々可算集合であり，したがって「C であるもの全体」もやはり高々可算集合である．

[*6] 一般に，集合 A の要素に演算 α を適用した結果が常に A に属するとき，集合 A は演算 α のもとで閉じているという．

- 各自然数 x について $\mathrm{add}(x,0) = x$,
- 各自然数 x, y, z について, $\mathrm{add}(x,y) = z$ のとき $\mathrm{add}(x,y+1) = z+1$[*7]

となる.このように,関数のグラフが再帰的に定義されたとき,それを等式の形で表したものを**関数の再帰的定義**という.なお,部分関数の場合も含めて関数の再帰的定義についてはここではこれ以上立ち入らず,第 3〜5 章で改めていくつかの視点から取り上げる.

先に,自然数に対する四則演算は既知として話を進めると述べたが,それらを含めて私たちに身近な多くの自然数関数は単純な少数の関数をもとに再帰的に定義できることが 19 世紀後半にデデキント(Dedekind)[1] により指摘された.本書ではその話題は 3.1 節にゆずり,ここでは「計算」の正体を明らかにする話を先に進める.

2.2 初等関数と初等述語

定義 2.2.1. 関数 $f : \mathbb{N}^{n+1} \to \mathbb{N}$ に対して $f_+ : \mathbb{N}^{n+1} \to \mathbb{N}$ を

$$f_+(\vec{x}, y) \stackrel{\mathrm{def}}{=} \sum_{z < y} f(\vec{x}, z)$$

により定義し[*8],f_+ を f の**総和関数**(bounded sum function)という.同様に,$f_\times : \mathbb{N}^{n+1} \to \mathbb{N}$ を

$$f_\times(\vec{x}, y) \stackrel{\mathrm{def}}{=} \prod_{z < y} f(\vec{x}, z)$$

により定義し,$f_\times$ を f の**総積関数**(bounded product function)という.ただし,$y = 0$ のとき $\sum_{z<y} f(\vec{x}, z) = 0$(足し算の単位元),$\prod_{z<y} f(\vec{x}, z) = 1$

[*7] すなわち,各自然数 x, y について $\mathrm{add}(x, y+1) = \mathrm{add}(x,y) + 1$. なお,この場合のように再帰的定義を述べるさい最後につける「上記以外は ··· でない」という常套句を省略することもある.

[*8] つまり $f_+(\vec{x}, y)$ は関数 $f(\vec{x}, y)$ の変数のうち $\vec{x}$ の部分を固定し y の値を $0, 1, 2, \ldots$ と動かしたとき得られる関数値の列 $f(\vec{x}, 0), f(\vec{x}, 1), f(\vec{x}, 2), \ldots$ の最初の y 項の和を表す.$f_\times(\vec{x}, y)$ は $f_+(\vec{x}, y)$ 中の和を積に置き換えることにより得られる.

（掛け算の単位元）とおく．

算術式から始めてそれに総和関数，総積関数，合成関数を得る操作を繰り返し有限回（0 回以上）適用して得られる関数を初等関数[*9]とよぶ．その正確な定義は次のとおりである．

定義 2.2.2. 初等関数（elementary function）の再帰的定義
1) 算術式 t に $x_1, x_2, \ldots, x_n$ 以外の変数が現れないとき，$f(x_1, x_2, \ldots, x_n) \stackrel{\text{def}}{=} t$ で定義される関数 $f : \mathbb{N}^n \to \mathbb{N}$ は初等関数である．
2) 初等関数 $f : \mathbb{N}^{n+1} \to \mathbb{N}$ の総和関数 $f_+(\vec{x}, y) = \sum_{z<y} f(\vec{x}, z)$ と総積関数 $f_\times(\vec{x}, y) = \prod_{z<y} f(\vec{x}, z)$ は初等関数である．
3) $g : \mathbb{N}^m \to \mathbb{N}$ と $g_j : \mathbb{N}^n \to \mathbb{N}$ $(j = 1, \ldots, m)$ が初等関数のとき，それらの合成関数 $g \circ (g_1, g_2, \ldots, g_m)$[*10] $: \mathbb{N}^n \to \mathbb{N}$ は初等関数である．ただし $(g \circ (g_1, g_2, \ldots, g_m))(\vec{x}) \stackrel{\text{def}}{=} g(g_1(\vec{x}), g_2(\vec{x}), \ldots, g_m(\vec{x}))$ とおく．
4) 上記以外は初等関数でない．

初等関数全体の集合を $\mathcal{E}$ で表す．

例 2.2.3.
1) 算術式で定義される初等関数の例として，n 変数の**定数関数** $\text{zero}_n(\vec{x}) = 0$, $\text{one}_n(\vec{x}) = 1$, $\text{two}_n(\vec{x}) = 2, \ldots$，**後者関数** $\text{suc}(x) = x+1$，**射影関数** $\text{p}_{n,i}(x_1, x_2, \ldots, x_n) = x_i$（ただし $1 \leq i \leq n$），**四則演算** $\text{add}(x, y) = x+y$, $\text{sub}(x, y) = x \dot{-} y$, $\text{mult}(x, y) = x \times y$, $\text{div}(x, y) = x \div y$ などがある．射影関数 $\text{p}_{1,1}(x) = x$ は**恒等関数**ともよばれる．
2) **階乗** $\text{fact}(y) = y!$ は初等関数である．実際，$\text{fact}(y)$ は後者関数 $\text{suc}(z) = z+1$ の総積関数 $\text{suc}_\times(y) = \prod_{z<y} \text{suc}(z) = y!$ に等しい．

[*9] 数学のほかの分野で初等関数という語が別の意味で使われることがあるが，本書で取り上げるのはカルマーにより導入された概念である．
[*10] この記法は，1 変数関数 g, h の合成関数 $(g \circ h)(x) = g(h(x))$ の記法を多変数関数の場合に拡張したものである．

3) **ベキ乗** $\exp(x,y) = x^y$ は初等関数である．実際，$\exp$ は射影関数 $p_{2,1}$ の総積関数 $(p_{2,1})_\times (x,y) = \prod_{z<y} p_{2,1}(x,z) = x^y$ に等しい．

注意 2.2.4（一般の合成関数）．定義 2.2.2 の 3) より，g が m 変数の初等関数で $g_1, g_2, \ldots, g_m$ が n 変数の初等関数のとき合成関数 $g(g_1(\vec{x}), g_2(\vec{x}), \ldots, g_m(\vec{x}))$ は初等関数だが，$g_1, g_2, \ldots, g_m$ の変数が上のように同じでない場合はどうだろうか．簡単な例として $f(x,y) \stackrel{\text{def}}{=} g(g_1(x), g_2(y,x))$ の場合を考えると，$g_1' \stackrel{\text{def}}{=} g_1 \circ (p_{2,1}) : (x,y) \mapsto g_1(x)$ と $g_2' \stackrel{\text{def}}{=} g_2 \circ (p_{2,2}, p_{2,1}) : (x,y) \mapsto g_2(y,x)$ はともに 2 変数の初等関数で，しかも $f(x,y) = g(g_1'(x,y), g_2'(x,y))$ を満たすから，定義より f も初等関数である．

一般に初等関数と変数と定数からなる式で定義される関数は上と同様の方法で初等関数であることが定義 2.2.2 から示せる（演習問題 2.2）．そのため，以後この事実を断りなしに用いる[*11]．

自然数上の 2 値関数 $p : \mathbb{N}^n \to \{\text{true}, \text{false}\}$ を（n 変数の）**述語**（predicate）または**関係**（relation）という．述語 $p : \mathbb{N}^n \to \{\text{true}, \text{false}\}$ の値 true と false をそれぞれ自然数 0 と 1 で置き換えることにより自然数関数

$$c_p(\vec{x}) \stackrel{\text{def}}{=} \begin{cases} 0 & p(\vec{x}) \text{ のとき}[*12], \\ 1 & \neg p(\vec{x}) \text{ のとき} \end{cases}$$

が得られる．この関数 $c_p : \mathbb{N}^n \to \mathbb{N}$ を述語 p の**特性関数**（characteristic function）とよび，特に c_p が初等関数のとき p を**初等述語**（elementary predicate）という．

例 2.2.5. 述語「$x = 0$」の特性関数 $c_{=0} : \mathbb{N} \to \mathbb{N}$ と，述語「$x = y$」の特性関数 $c_= : \mathbb{N}^2 \to \mathbb{N}$ はそれぞれ算術式を使って次のように表される．

[*11)] このことは初等関数の集合に限らず，すべての定数関数と射影関数を含み合成のもとで閉じた自然数関数の集合でも同様に成り立つ．
[*12)] 「$p(\vec{x}) = \text{true}$ のとき」を「$p(\vec{x})$ のとき」とか「$p(\vec{x})$ が成り立つとき」ともいう．

$$\mathrm{c}_{=0}(x) = \begin{cases} 0 & x = 0 \text{ のとき}, \\ 1 & x \neq 0 \text{ のとき} \end{cases}$$
$$= 1 \mathbin{\dot{-}} (1 \mathbin{\dot{-}} x).$$
$$\mathrm{c}_{=}(x, y) = \begin{cases} 0 & x = y \text{ のとき}, \\ 1 & x \neq y \text{ のとき} \end{cases}$$
$$= \mathrm{c}_{=0}((x \mathbin{\dot{-}} y) + (y \mathbin{\dot{-}} x)).$$

したがって，これらの述語は初等述語である．また，述語「$x \leq y$」，「$x < y$」，「$x \neq y$」の特性関数 $\mathrm{c}_{\leq}$, $\mathrm{c}_{<}$, $\mathrm{c}_{\neq} : \mathbb{N}^2 \to \mathbb{N}$ もそれぞれ算術式で表される（演習問題 2.3）から，これらの述語も初等述語である．

以下の議論でたびたび必要になる初等関数と初等述語の基本的な性質を示す．

補題 2.2.6（場合分けによる初等関数の定義）．k は 2 以上の自然数で，f_1, $f_2, \ldots, f_k : \mathbb{N}^n \to \mathbb{N}$ は初等関数，$p_1, p_2, \ldots, p_k : \mathbb{N}^n \to \{\text{true}, \text{false}\}$ は初等述語で，ただし各 $\vec{x} \in \mathbb{N}^n$ に対して $p_1(\vec{x}), p_2(\vec{x}), \ldots, p_k(\vec{x})$ のうちただ一つが true で残りは false だとする．このとき

$$f(\vec{x}) \stackrel{\text{def}}{=} \begin{cases} f_1(\vec{x}) & p_1(\vec{x}) \text{ のとき}, \\ f_2(\vec{x}) & p_2(\vec{x}) \text{ のとき}, \\ \cdots & \cdots \\ f_k(\vec{x}) & p_k(\vec{x}) \text{ のとき} \end{cases}$$

で定義される関数 $f : \mathbb{N}^n \to \mathbb{N}$ は初等関数である．

証明 仮定より各 f_j と c_{p_j} は初等関数であり，すべての $\vec{x} \in \mathbb{N}^n$ について $f(\vec{x}) = \sum_{j=1}^{k}(f_j(\vec{x}) \times (1 \mathbin{\dot{-}} \mathrm{c}_{p_j}(\vec{x})))$ が成り立つから f は初等関数である． □

補題 2.2.7.

1) $p(\vec{x})$ と $q(\vec{x})$ を初等述語とする．このとき次表で定義される $\neg p(\vec{x})$,

$p(\vec{x}) \lor q(\vec{x})$, $p(\vec{x}) \land q(\vec{x})$, $p(\vec{x}) \to q(\vec{x})$, $p(\vec{x}) \leftrightarrow q(\vec{x})$ はいずれも初等述語である[*13].

$p(\vec{x})$	true	false
$\neg p(\vec{x})$	false	true

$p(\vec{x})$	true	true	false	false
$q(\vec{x})$	true	false	true	false
$p(\vec{x}) \lor q(\vec{x})$	true	true	true	false
$p(\vec{x}) \land q(\vec{x})$	true	false	false	false
$p(\vec{x}) \to q(\vec{x})$	true	false	true	true
$p(\vec{x}) \leftrightarrow q(\vec{x})$	true	false	false	true

2) p が m 変数の初等述語で $f_1, f_2, \ldots, f_m$ が n 変数の初等関数のとき述語 $(p \circ (f_1, \ldots, f_m))(\vec{x}) \stackrel{\text{def}}{=} p(f_1(\vec{x}), \ldots, f_m(\vec{x}))$ は初等述語である[*14].

証明

1) 初等関数 $\text{not} : \mathbb{N} \to \mathbb{N}$ と $\text{and}, \text{or} : \mathbb{N}^2 \to \mathbb{N}$ を次で定義する.

$$\text{not}(x) = 1 \mathbin{\dot{-}} x.$$

$$\text{or}(x, y) = \begin{cases} 0 & y = 0 \text{ のとき}, \\ x & y > 0 \text{ のとき}. \end{cases}$$

$$\text{and}(x, y) = \begin{cases} x & y = 0 \text{ のとき}, \\ 1 & y > 0 \text{ のとき}. \end{cases}$$

一方, 上の表から述語 $\neg p(\vec{x})$ の特性関数 $c_{\neg p}(\vec{x})$ は $c_{\neg p}(\vec{x}) = 1 \mathbin{\dot{-}} c_p(\vec{x}) = \text{not}(c_p(\vec{x}))$ を満たすから $c_{\neg p} = \text{not} \circ c_p$ が成り立つ. よって $p(\vec{x})$ が初等述語のとき $\neg p(\vec{x})$ も初等述語である. 同様に, $p(\vec{x}) \lor q(\vec{x})$ と $p(\vec{x}) \land q(\vec{x})$ の特性関数をそれぞれ $c_{p \lor q}(\vec{x})$ と $c_{p \land q}(\vec{x})$ とすると, $c_{p \lor q} = \text{or} \circ (c_p, c_q)$ と $c_{p \land q} = \text{and} \circ (c_p, c_q)$ が成り立つから仮定よりこれらの述語も初等

[*13] $\neg p(\vec{x})$ を $p(\vec{x})$ の否定. $p(\vec{x}) \lor q(\vec{x})$, $p(\vec{x}) \land q(\vec{x})$, $p(\vec{x}) \leftrightarrow q(\vec{x})$ をそれぞれ $p(\vec{x})$ と $q(\vec{x})$ の論理和, 論理積, 同値, そして $p(\vec{x}) \to q(\vec{x})$ を $p(\vec{x})$ の $q(\vec{x})$ に対する含意という.

[*14] 例えば, $p(y_1, y_2)$ が述語「$y_1 < y_2$」のとき $(p \circ (f_1, f_2))(\vec{x}) = p(f_1(\vec{x}), f_2(\vec{x}))$ は述語「$f_1(\vec{x}) < f_2(\vec{x})$」を表す. なお, 述語としての $x = y$ や $x < y$ をこれまで「$x = y$」や「$x < y$」と書いてきたが, 以後特に紛らわしい場合を除いて括弧「　」を省く.

的である.また,$p(\vec{x}) \to q(\vec{x}) = (\neg p(\vec{x})) \lor q(\vec{x})$,かつ $p(\vec{x}) \leftrightarrow q(\vec{x}) = (p(\vec{x}) \to q(\vec{x})) \land (q(\vec{x}) \to p(\vec{x}))$ よりこれらの述語も初等的である.

2) $p' = p \circ (f_1, f_2, \ldots, f_m)$ とおくと,その特性関数 $c_{p'}$ は

$$c_{p'}(\vec{x}) = 0 \iff p(f_1(\vec{x}), f_2(\vec{x}), \ldots, f_m(\vec{x})) = \mathsf{true}$$
$$\iff c_p(f_1(\vec{x}), f_2(\vec{x}), \ldots, f_m(\vec{x})) = 0$$

を満たし,しかも $c_{p'}(\vec{x})$ と $c_p(f_1(\vec{x}), f_2(\vec{x}), \ldots, f_m(\vec{x}))$ の値は 0 か 1 であるから[*15] $c_{p'} = c_p \circ (f_1, f_2, \ldots, f_m)$.ここで仮定から $c_p, f_1, f_2, \ldots, f_m$ は初等関数であるから $c_{p'}$ も初等関数である.□

上で取り上げたもの以外に重要な論理記号として,「ある自然数 z について $\cdots$」を意味する**存在記号**(existential quantifier)$\exists z [\cdots]$ と,「すべての自然数 z について $\cdots$」を意味する**全称記号**(universal quantifier)$\forall z [\cdots]$ がある.これらについては,後に述べるように $p(\vec{x}, z)$ が初等述語でも $\exists z [p(\vec{x}, z)]$ や $\forall z [p(\vec{x}, z)]$ は必ずしも初等述語でない(系 4.2.12).しかし,次の補題が示すとおり**束縛変数**[*16]z の動く範囲が有界の場合は事情が異なる.

補題 2.2.8. $\vec{x}, y$ に関する述語 $\exists z [(z < y) \land p(\vec{x}, z)]$ を $\exists z < y [p(\vec{x}, z)]$ で表し,$\forall z [(z < y) \to p(\vec{x}, z)]$ を $\forall z < y [p(\vec{x}, z)]$ で表す[*17].すると,p が初等

[*15] 一般に,関数 $f, g : X \to Y$ の値が a か b のいずれか(すなわち,$f(X) \cup g(X) \subseteq \{a, b\}$)で,しかも各 $x \in X$ について $f(x) = a \iff g(x) = a$ が成り立つとき,$f = g$ であることに注意.

[*16] $\exists$ または $\forall$ の直後の変数を**束縛変数**(bound variable)という.それ以外の変数(自由変数とよぶ)には自然数を代入できるが,束縛変数は決められた範囲の自然数上を動き回る役割をもつ.

[*17] このとき,すべての $\vec{x}, y$ について次が成り立つ.

$$\exists z < y [p(\vec{x}, z)] = \mathsf{true} \iff y \text{ 未満のある } z \text{ について } p(\vec{x}, z) = \mathsf{true},$$
$$\forall z < y [p(\vec{x}, z)] = \mathsf{true} \iff y \text{ 未満のすべての } z \text{ について } p(\vec{x}, z) = \mathsf{true}.$$

ここで特に y の値が 0 の場合,$z < y$ はどんな z についても成り立たないから,$\exists z < y [p(\vec{x}, z)]$ つまり $\exists z [(z < y) \land p(\vec{x}, z)]$ も成り立たない.一方,$\forall z < y [p(\vec{x}, z)] \iff \forall z [(z < y) \to p(\vec{x}, z)] \iff \forall z [\neg (z < y) \lor p(\vec{x}, z)]$ より,$\forall z < y [p(\vec{x}, z)]$ は常に成り立つ.なお,$\exists z < y [\cdots]$ を**有界存在記号**(bounded existential quantifier),$\forall z < y [\cdots]$ を**有界全称記号**(bounded universal quantifier)とよぶ.

述語のとき $\exists z < y\,[p(\vec{x}, z)]$ と $\forall z < y\,[p(\vec{x}, z)]$ も初等述語である．

証明 述語 $p' : (\vec{x}, y) \mapsto \exists z < y\,[p(\vec{x}, z)]$ の特性関数 $c_{p'}$ は

$$c_{p'}(\vec{x}, y) = 0 \iff \prod_{z<y} c_p(\vec{x}, z) = 0$$

を満たし，しかも関数 $c_{p'}(\vec{x}, y)$ と $\prod_{z<y} c_p(\vec{x}, z) = (c_p)_\times(\vec{x}, y)$ の値はいずれも 0 か 1 であるから $c_{p'} = (c_p)_\times$．ここで，右辺は仮定より初等関数であるから p' は初等述語である．

一方，述語 $\forall z < y\,[p(\vec{x}, z)]$ は $\neg[\exists z < y\,[\neg p(\vec{x}, z)]]$ と等しく，しかも後者の述語は仮定とこれまでの結果から初等述語である．よって $\forall z < y\,[p(\vec{x}, z)]$ も初等述語である． □

以上の事実から，変数と定数と初等関数からなる等式および不等式に上の二つの補題で取り上げた論理記号を有限回適用して得られる述語は一般に初等述語であることが分かる．なお，論理記号の結合の強さに関して $\neg$, $\exists z$, $\forall z$, $\exists z < y$, $\forall z < y$ がほかより強く，次に $\vee$, $\wedge$ が続き，$\to$, $\leftrightarrow$ は最も弱いという慣習があり，特に括弧で指定しないときはこの慣習に従う[*18)]．

例 2.2.9．

1) 「y は x の約数である」という述語を $y\,|\,x$ で表す．このとき

$$y\,|\,x \iff \exists z \leq x\,[x = y \times z]\,^{*19)}$$

であるから $y\,|\,x$ は初等述語である．

2) 「x は素数[*20)]である」という述語を $\mathrm{prime}(x)$ で表す．そのとき

[*18)] そのため，例えば $p(\vec{x}) \wedge \neg p(\vec{x}) \to q(\vec{x})$ は $(p(\vec{x}) \wedge (\neg p(\vec{x}))) \to q(\vec{x})$ を表し，$\forall y < x\,[p(y)] \to p(x)$ は $(\forall y < x\,[p(y)]) \to p(x)$ を表す．
[*19)] $\exists z < x+1\,[\cdots]$ を $\exists z \leq x\,[\cdots]$ と略記し，$\forall z < x+1\,[\cdots]$ を $\forall z \leq x\,[\cdots]$ と略記する．
[*20)] 素数とは真の約数（1 と自分自身以外の約数）をもたない 2 以上の自然数をいう．すると，2 以上の自然数 x は $x = p_1^{a_1} p_2^{a_2} \cdots p_k^{a_k}$ （ただし $p_1, p_2, \ldots, p_k$ は素数，$a_1, a_2, \ldots, a_k > 0$, $k \geq 1$) と表される（演習問題 2.5）．この右辺を x の素因数分解といい，$p_1, p_2, \ldots, p_k$ を x の素因数という．

$$\mathrm{prime}(x) \iff x \geq 2 \land \neg[\exists y < x[\exists z < x[x = y \times z]]]$$

であるから $\mathrm{prime}(x)$ は初等述語である.

述語を使って関数を定義する方法として補題 2.2.6 のほかに次も有用である.

定義 2.2.10. $n+1$ 変数の述語 p と $(\vec{x}, y) \in \mathbb{N}^{n+1}$ が与えられたとき, y 未満の自然数 z で $p(\vec{x}, z)$ を満たすものがあればそのような最小の z を $\mu z < y\,[p(\vec{x}, z)]$ で表す. ただしそのような z がない場合は $\mu z < y\,[p(\vec{x}, z)] = y$ とおく. すなわち

$$\begin{aligned}
\mu z &< y\,[p(\vec{x}, z)] \\
&\stackrel{\mathrm{def}}{=} \begin{cases} p(\vec{x}, z) \land (z < y) \text{ を満たす } z \text{ があるときその最小値,} \\ \text{そのような } z \text{ がないとき } y \end{cases} \\
&= \min\{\, z \mid p(\vec{x}, z) \lor (z = y) \,\}
\end{aligned}$$

とおき, この関数 $\mu z < y\,[p(\vec{x}, z)]$ を p の **有界最小解関数** (bounded minimization function) とよぶ.

例えば, 自然数の割り算 $x \div y$ と平方根の整数部分 $\sqrt{x}$ は上の記法を使って次のように表される.

$$\begin{aligned}
x \div y &= \begin{cases} \dfrac{x}{y} \text{ の整数部分} & y > 0 \text{ のとき,} \\ x & y = 0 \text{ のとき} \end{cases} \\
&= \mu z < x\,[x < y \times (z+1)]. \\
\sqrt{x} &= \mu z < x\,[x < (z+1)^2].
\end{aligned}$$

例 2.2.11.

1) 各自然数 x に対して「$x+1$ 番目の素数」を $\mathrm{pr}(x)$ で表す[21]. このとき

---

[21] すなわち, $\mathrm{pr}(0) = 2$, $\mathrm{pr}(1) = 3$, $\mathrm{pr}(2) = 5$, $\mathrm{pr}(3) = 7$, $\mathrm{pr}(4) = 11, \ldots$.

$$\mathrm{pr}(x) = y \iff y \text{ は素数で } y \text{ 未満の素数の個数は } x,$$

しかも y 未満の素数の個数は述語 prime の特性関数 c_{prime} を使って $\sum_{z<y}(1\dot{-}c_{\mathrm{prime}}(z))$ と表されるから

$$\mathrm{pr}(x) = y \iff \mathrm{prime}(y) \wedge [\sum_{z<y}(1\dot{-}c_{\mathrm{prime}}(z)) = x]$$

が成り立つ. さらに, 関数 $\mathrm{pr}(x)$ は

$$\mathrm{pr}(x) \leq 2^{2^x}$$

を満たすことが累積帰納法により確かめられる (演習問題 2.4, 2.5 を参照). よって $\mathrm{pr}(x)$ は有界最小解関数の記法により次のように表される.

$$\mathrm{pr}(x) = \mu y < 2^{2^x} + 1 \, [\mathrm{prime}(y) \wedge [\sum_{z<y}(1\dot{-}c_{\mathrm{prime}}(z)) = x]].$$

2) 関数 pr と述語 | (例 2.2.9) をもとに関数 $\mathrm{pwr} : \mathbb{N}^2 \to \mathbb{N}$ を

$$\mathrm{pwr}(x,y) \stackrel{\mathrm{def}}{=} \mu z < x \, [\, \neg[\, \mathrm{pr}(y)^{z+1} \mid x \,]\,]$$

により定める. すると, x が 2 以上のとき $\mathrm{pwr}(x,y)$ は x の素因数分解における素数 $\mathrm{pr}(y)$ のベキを表す.

次の補題によりこれらの関数が初等的であることが保証される.

補題 2.2.12. 初等述語 $p(\vec{x}, z)$ の有界最小解関数 $f(\vec{x}, y) = \mu z < y \, [\, p(\vec{x}, z)\,]$ は初等関数である.

証明 $\vec{x}$ の値を固定して z の値を動かしたとき $p(\vec{x}, z)$ を満たす z がある場合についてまず考える. そのとき, $p(\vec{x}, z)$ を満たす z の最小値を a とすると

$$f(\vec{x}, y) = \mu z < y \, [p(\vec{x}, z)] = \begin{cases} y & y \leq a \text{ のとき}, \\ a & a < y \text{ のとき}. \end{cases}$$

ここで, 新たに述語 $\exists z \leq y \, [p(\vec{x}, z)]$ を $q(\vec{x}, y)$ とおくと, その特性関数は

$$c_q(\vec{x},y) = \begin{cases} 1 & y < a \text{ のとき}, \\ 0 & a \leq y \text{ のとき} \end{cases}$$

であり，したがってその総和関数は

$$(c_q)_+(\vec{x},y) = \sum_{v<y} c_q(\vec{x},v) = \begin{cases} y & y < a \text{ のとき}, \\ a & a \leq y \text{ のとき} \end{cases}$$

となる．よってこの場合 $f(\vec{x},y) = (c_q)_+(\vec{x},y)$ が成り立つ．参考までに，この場合の述語 p,q と関数 $f, c_q, (c_q)_+$ の関係を次表に例示する．

y	0	1	2	3	4	5	$\ldots$
$p(\vec{x},y)$	false	false	false	true	false	true	$\ldots$
$f(\vec{x},y)$	0	1	2	3	3	3	$\ldots$
$q(\vec{x},y)$	false	false	false	true	true	true	$\ldots$
$c_q(\vec{x},y)$	1	1	1	0	0	0	$\ldots$
$(c_q)_+(\vec{x},y)$	0	1	2	3	3	3	$\ldots$

次に，$p(\vec{x},z)$ を満たす z がない場合を考えると，すべての y について $f(\vec{x},y) = y$ かつ $c_q(\vec{x},y) = 1$ であるから，$f(\vec{x},y) = y = \sum_{z<y} c_q(\vec{x},z) = (c_q)_+(\vec{x},y)$．以上で，すべての $\vec{x},y$ について $f(\vec{x},y) = (c_q)_+(\vec{x},y)$ が成り立つこと，すなわち $f = (c_q)_+$ が示された．

ところで，仮定より p は初等述語であるから，補題 2.2.7 と 2.2.8 より q も初等述語であり，したがって c_q およびその総和関数 $(c_q)_+$ も初等関数である．ゆえに f も初等関数である．□

以上の準備のもとで，初等関数と N プログラムの関係を次節以降で調べる．

2.3 初等関数と N プログラム

定理 2.3.1. すべての初等関数は N プログラムで計算できる．

証明 初等関数の構成に関する帰納法による.ただし直接この定理を帰納法で示そうとすると,帰納法の仮定が弱すぎて証明できない.そのためここではそれより強い次の命題を初等関数の構成に関する帰納法で示す[*22]:すべての初等関数は入力変数の値を変えない while プログラムで計算できる.

1) f が算術式 t で定義される関数 $f(\vec{x})=t$ のとき,$\vec{x}$ に含まれない新しい変数 y を出力変数とする while プログラム

$$\text{input}(\vec{x}); \ y:=t; \ \text{output}(y)$$

は明らかに関数 $f(\vec{x})=t$ を計算し,かつ入力変数の値を変えない.

2) f が初等関数 g の総和関数 g_+ のとき,g を計算する while プログラムで入力変数の値を変えないものがあると仮定(帰納法の仮定)し,そのようなプログラムの一つを

$$\text{input}(\vec{x},u); \ \underline{v:=g(\vec{x},u)}; \ \text{output}(v)$$

とする[*23].そのとき新しい変数 y, z を使って作られる while プログラム

$$\text{input}(\vec{x},y);$$
$$z:=0; \ u:=0;$$
$$\text{while } u<y \text{ do } [\underline{v:=g(\vec{x},u)};\ z:=z+v;\ u:=u+1];$$
$$\text{output}(z)$$

は $f=g_+$ を計算し[*24],しかも入力変数の値を変えない.$f=g_\times$ の場合も同様である.

3) $f=g\circ(g_1,g_2,\ldots,g_m)$ で $g,g_1,g_2,\ldots,g_m$ が初等関数のとき,入力変

[*22] 帰納法による証明の場合,このように本来証明したいものよりも強い命題を示す必要が生じることがある.

[*23] この記法は,while プログラムの入力命令と出力命令で挟まれた部分(これをその while プログラムの**本体**(body)とよぶ)が行う仕事をまとめて(そのプログラムで計算される値を出力変数に代入する)代入文の形で,ただし下線をつけて表す略記法で,その本体が一つの代入文からなることを意味するわけではない.以後この記法を断りなく用いる.

[*24] ここで,帰納法の仮定により $v:=g(\vec{x},u)$ の部分で $\vec{x}$ と u の値は保存される.したがって,このプログラムで変数 u はそれまでに while ループをまわった回数を表し,z の最終的な値は $g_+(\vec{x},y)=\sum_{u<y}g(\vec{x},u)$ となる.

数の値を変えない while プログラム

$$\text{input}(y_1,\ldots,y_m); \quad \underline{z := g(y_1,\ldots,y_m)}; \quad \text{output}(z)$$
$$\text{input}(\vec{x}); \quad \underline{y_j := g_j(\vec{x})}; \quad \text{output}(y_j) \qquad (j=1,2,\ldots,m)$$

でそれぞれ g と g_j が計算されるとする．ここで，プログラム中の変数名は必要なら一斉に新しい名前に変えることができるから，異なるプログラム間では，明示的に同じ名前が使われている場合を除いて，同じ変数が重複して使われていないと仮定しても一般性を失わない[*25]．そのとき，次の while プログラム

$$\text{input}(\vec{x});$$
$$\underline{y_1 := g_1(\vec{x})}; \ldots; \ \underline{y_m := g_m(\vec{x})}; \ \underline{z := g(y_1,\ldots,y_m)};$$
$$\text{output}(z)$$

は明らかに合成関数 $f = g \circ (g_1, g_2, \ldots, g_m)$ を計算し，かつ入力変数の値を変えない．□

系 2.3.2. N プログラムの代入命令と判定命令の形をそれぞれ下図のように拡張したものを **Ver.2** の N プログラムとよぶ．ただし，図中の f は任意の初等関数を表し，p は任意の初等述語を表す．このとき，前章で定義した N プログラム（以後これを **Ver.1** の N プログラム とよぶ）で計算できる関数の全体 $\mathcal{N}_1$ と Ver.2 の N プログラムで計算できる関数の全体 $\mathcal{N}_2$ は等しい．

$$\rightarrow \boxed{x := f(\vec{y})} \rightarrow \qquad \rightarrow \boxed{p(\vec{x})?} \xrightarrow{\text{true}}$$
$$\hspace{5.5cm} \downarrow \text{false}$$

証明 P が Ver.2 の N プログラムのとき，まず P 中の判定命令で Ver.1 では許されない形のものについて

[*25] 以後この仮定を断りなく用いる．

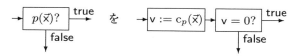

でそれぞれ置き換える．ただし v はそれまでに現れない新しい変数とする．次いで Ver.1 では許されない各代入命令

$$\rightarrow \boxed{\text{x} := f(\vec{y})} \rightarrow$$

を，初等関数 f を計算する Ver.1 の N プログラム（前定理の証明の手順に従って構成できる）の本体でそれぞれ置き換える．こうして P 中の Ver.1 では許されない判定命令と代入命令をすべて置き換えた結果は明らかに P と同じ関数を計算する Ver.1 の N プログラムである．ゆえに $\mathcal{N}_2 \subseteq \mathcal{N}_1$．逆は，Ver.1 の N プログラムはみな Ver.2 の N プログラムでもあることから明らかである．□

Ver.2 のプログラムの利点は，計算過程における細かい個々のステップより計算手順の大きな流れに注意が向けやすくなるため，多くの場合プログラムが書きやすくかつ読みやすいものになることであろう．

while プログラムの場合も N プログラムの場合と同様に，代入文の右辺に初等関数の使用を認め，if 文や while 文の判定条件として初等述語の使用を認めたものを **Ver.2** の while プログラムとよび，前章で定義した while プログラムを以後 **Ver.1** の while プログラムとよぶ．すると N プログラムの場合と同様に，Ver.2 の while プログラムの表現力は Ver.1 のそれと等しいことが示せる（演習問題 2.7 参照）．

定理 2.3.1 ですべての初等関数は N プログラムで計算できることを見たが，その逆は明らかに成り立たない．なぜなら，N プログラムで計算される関数には全域関数でないものがある（例 1.1.4）が，初等関数はみな全域関数である（演習問題 2.1）からである．

すると次の問題として考えられるのは「N プログラムで計算される関数をすべて表現するには初等関数のほかにどんな関数あるいは関数演算があればよい

か」という問であり，以下の三つの節でこの問について考える．そのうち 2.5 節では N プログラムで計算できるすべての関数はある特殊な形の Ver.2 の while プログラムで計算できることを示し，続く 2.6 節でその形の while プログラムで計算される関数は初等関数のほかに反復と μ 演算という二つの関数演算を用いて表現できることを見る．2.4 節ではそれらの議論を展開する上で必要な，自然数のある種の集合を 1 個の自然数で表すコード化について述べる．

2.4　自然数列のコード化

定義 2.4.1. m を正整数とする．$G : \mathbb{N}^m \to \mathbb{N}$ と $G_j : \mathbb{N} \to \mathbb{N}\ (j < m)$ が初等関数で，任意の $(x_0, \ldots, x_{m-1}) \in \mathbb{N}^m$ と $x \in \mathbb{N}$ に対して

$$G(x_0, \ldots, x_{m-1}) = x \quad \text{ならば} \quad \forall j < m\,[G_j(x) = x_j]$$

であるとき，関数 G によって数列 $\vec{x} = (x_0, \ldots, x_{m-1})$ の情報が一つの自然数 $G(\vec{x})$ に「圧縮」され，その圧縮結果からもとの数列 $\vec{x}$ の各成分が $G_0, G_1, \ldots, G_{m-1}$ によって「復元」されると見ることができる．その意味で $G(\vec{x})$ を数列 $\vec{x}$ のコード（code）とよび，関数 $G : \mathbb{N}^m \to \mathbb{N}$ を長さ m の数列に対する**コード関数**（coding function）とよぶ．また，

$$(G_0, G_1, \ldots, G_{m-1})(x) \stackrel{\text{def}}{=} (G_0(x), G_1(x), \ldots, G_{m-1}(x))$$

によって定められる関数 $(G_0, G_1, \ldots, G_{m-1}) : \mathbb{N} \to \mathbb{N}^m$ を G の**デコード関数**（decoding function）とよぶ．

コード関数 G は一般に 1 対 1 関数である．実際，$\vec{x}, \vec{y} \in \mathbb{N}^m$ が $G(\vec{x}) = G(\vec{y})$ を満たすときこの両辺に G のデコード関数 $(G_0, G_1, \ldots, G_{m-1})$ を適用することにより $\vec{x} = (G_0, \ldots, G_{m-1})(G(\vec{x})) = (G_0, \ldots, G_{m-1})(G(\vec{y})) = \vec{y}$ を得る．

定義 2.4.1 の条件を満たす関数はいろいろあるが，本書では特に断らない限り素因数分解の一意性に基づく次のコード関数を用いる．

定義 2.4.2. 各 m に対する関数 $G^{(m)} : \mathbb{N}^m \to \mathbb{N}$ と関数 $\mathrm{el} : \mathbb{N}^2 \to \mathbb{N}$, $\mathrm{lh} : \mathbb{N} \to \mathbb{N}$ を初等関数 pr と pwr（例 2.2.11）を用いて次のように定める.

$$G^{(m)}(x_0, x_1, \ldots, x_{m-1}) \stackrel{\mathrm{def}}{=} \prod_{j<m} \mathrm{pr}(j)^{x_j+1},$$

$$\mathrm{el}(x, y) \stackrel{\mathrm{def}}{=} \mathrm{pwr}(x, y) \dot{-} 1,$$

$$\mathrm{lh}(x) \stackrel{\mathrm{def}}{=} \mu z < x\,[\mathrm{pwr}(x, z) = 0].$$

補題 2.4.3. 上の関数について次が成り立つ.

1) 各 $m > 0$ について $G^{(m)} : \mathbb{N}^m \to \mathbb{N}$ は長さ m の数列に対するコード関数であり，そのデコード関数 $(G_0, G_1, \ldots, G_{m-1}) : \mathbb{N} \to \mathbb{N}^m$ は各 j について $G_j(x) \stackrel{\mathrm{def}}{=} \mathrm{el}(x, j)$ で与えられる.

2) $m > 0$ かつ $G^{(m)}(x_0, \ldots, x_{m-1}) = x$ のとき，各 $j < m$ について $\mathrm{el}(x, j) = x_j < x$ かつ $\mathrm{lh}(x) = m < x$ が成り立つ．一方，$m = 0$ のとき $G^{(0)}() = 1$ かつ $\mathrm{lh}(1) = 0$ が成り立つ.

3) 各 m, n と $\vec{x} \in \mathbb{N}^m$, $\vec{y} \in \mathbb{N}^n$ について $G^{(m)}(\vec{x}) = G^{(n)}(\vec{y})$ のとき，$m = n$ および $\vec{x} = \vec{y}$[*26)]が成り立つ．したがって関数列 $\{G^{(m)}\}_{m \in \mathbb{N}}$ により自然数のすべての有限列は相異なる自然数でコード化される[*27)].

証明 1) と 2) は定義より明らかである．3) は，$G^{(m)}(\vec{x}) = G^{(n)}(\vec{y})$ の両辺に関数 lh を適用することにより $m = \mathrm{lh}(G^{(m)}(\vec{x})) = \mathrm{lh}(G^{(n)}(\vec{y})) = n$ を得，さらにコード関数は 1 対 1 関数であることから $\vec{x} = \vec{y}$ を得る．□

以後，特に断らない限りコード関数 $G^{(m)}$ による数列 $\vec{x} = (x_0, x_1, \ldots, x_{m-1})$ のコード $G^{(m)}(\vec{x})$ を $\vec{x}$ のコードとよび，この値を $\langle \vec{x} \rangle$ または $\langle x_0, x_1, \ldots, x_{m-1} \rangle$ で表す.

[*26)] 数列 $\vec{x}$ と $\vec{y}$ の長さが等しく両者の各成分がそれぞれ等しいとき $\vec{x}$ と $\vec{y}$ は等しいといい，そのことを $\vec{x} = \vec{y}$ で表す.

[*27)] 定義 2.4.2 の $G^{(m)}$ の定義を $G^{(m)}(x_0, \ldots, x_{m-1}) \stackrel{\mathrm{def}}{=} \prod_{j<m} \mathrm{pr}(j)^{x_j}$ に変えると，例えば $G^{(0)}() = G^{(1)}(0) = G^{(2)}(0, 0) = \cdots$ となり，上のことは成り立たない.

コード化は先にも述べたとおり今後の議論を進める上で重要な役割を演じるが,それと同時に,本来自然数しか扱えない N プログラムの中で（有限の）数列や行列や集合などがコード化により 1 個の自然数で表されるようになる.例えば,自然数の行列 (a_{ij}) の場合,まずその各行 $(a_{i1}, a_{i2}, \ldots, a_{im})$ をそのコード $\langle a_{i1}, a_{i2}, \ldots, a_{im} \rangle$ で表し,それらを並べてできる数列のコード,すなわち

$$\langle \langle a_{11}, a_{12}, \ldots, a_{1m} \rangle, \langle a_{21}, a_{22}, \ldots, a_{2m} \rangle, \ldots, \langle a_{n1}, a_{n2}, \ldots, a_{nm} \rangle \rangle$$

で行列 (a_{ij}) が表される.また,こうして表された行列に対する成分の参照や更新その他の行列演算はコード/デコード関数を経由して実行することができる.以上の考え方はより複雑な構造をもつデータの場合にも適用することができるが,それらのデータに対する演算を簡潔に記述するのに次の記法が役立つ.

定義 2.4.4. 任意の関数 $g : \mathbb{N}^{n+1} \to \mathbb{N}$ と $(\vec{x}, y) \in \mathbb{N}^{n+1}$ に対して長さ y の数列 $(g(\vec{x}, 0), g(\vec{x}, 1), \ldots, g(\vec{x}, y-1))$ のコードを $g_\diamond(\vec{x}, y)$ で表し,$g_\diamond$ を g の**累積関数**（course-of-values function）とよぶ.すなわち,関数 g に対してその累積関数 $g_\diamond : \mathbb{N}^{n+1} \to \mathbb{N}$ を

$$g_\diamond(\vec{x}, y) \stackrel{\text{def}}{=} \prod_{z < y} \text{pr}(z)^{g(\vec{x}, z)+1}$$

により定める.ここで g が初等関数のとき明らかに $g_\diamond$ も初等関数である.

例 2.4.5. 「x はある数列のコードである」ことを意味する述語は上の記法を用いて「$x = \text{el}_\diamond(x, \text{lh}(x))$」と表される.実際,$x = \langle x_0, x_1, \ldots, x_{m-1} \rangle$ のとき,各 $j < m$ について $x_j = \text{el}(x, j)$ かつ $m = \text{lh}(x)$ であるから $x = \langle \text{el}(x, 0), \text{el}(x, 1), \ldots, \text{el}(x, \text{lh}(x)-1) \rangle = \text{el}_\diamond(x, \text{lh}(x))$ が成り立つ.逆に,$x = \text{el}_\diamond(x, \text{lh}(x))$ のとき x は明らかに数列のコードである.

ここで関数 el と lh は初等的であるから,述語 $x = \text{el}_\diamond(x, \text{lh}(x))$ も初等的である.以後この述語を $\text{code}(x)$ で表す.

例 2.4.6. 数列に対する操作が，その一方の端（例えば右端）の成分の追加と参照と削除に限られるとき，その数列を**スタック**（stack）とよぶ[*28]．スタック $\vec{x}=(x_0,x_1,\ldots,x_{m-1})$ のコード $\langle\vec{x}\rangle$ を受け取り $\vec{x}$ の成分に対する追加・参照・削除の操作を行う関数をそれぞれ push : $\mathbb{N}^2 \to \mathbb{N}$, top, pop : $\mathbb{N} \to \mathbb{N}$ とすると，これらの関数が満たすべき条件は次のとおりである．

$$\mathrm{push}(\langle x_0,x_1,\ldots,x_{m-1}\rangle,y) = \langle x_0,x_1,\ldots,x_{m-1},y\rangle,$$
$$\mathrm{top}(\langle x_0,x_1,\ldots,x_m\rangle) = x_m,$$
$$\mathrm{pop}(\langle x_0,x_1,\ldots,x_m\rangle) = \langle x_0,x_1,\ldots,x_{m-1}\rangle.$$

これらの条件を満たす初等関数の例として例えば次のものがある．

$$\mathrm{push}(x,y) \stackrel{\mathrm{def}}{=} g_\Diamond(x,y,\mathrm{lh}(x)+1)\ \ ただし$$
$$g(x,y,z) \stackrel{\mathrm{def}}{=} \begin{cases} \mathrm{el}(x,z) & z<\mathrm{lh}(x)\ のとき, \\ y & z \geq \mathrm{lh}(x)\ のとき, \end{cases}$$
$$\mathrm{top}(x) \stackrel{\mathrm{def}}{=} \mathrm{el}(x,\mathrm{lh}(x)\dot{-}1),$$
$$\mathrm{pop}(x) \stackrel{\mathrm{def}}{=} \mathrm{el}_\Diamond(x,\mathrm{lh}(x)\dot{-}1).$$

2.5　while プログラムの第二標準形定理

　本節では，前節で述べたコード化の考え方を使って，while プログラムの第一標準形定理（定理 1.4.1）の計算過程を，本質的にただ一つの変数をもつ Ver.2 の while プログラムで模倣（simulate）できることを示す．この結果は，N プログラムで計算される関数の数学的表現を次節で求めるさい役立つ．

　本題に入る前に，コード関数のある基本的な性質を示す．

[*28] スタックでは後に追加された成分ほど早く削除されるため last-in-first-out のデータ構造ともよばれ，例えば多重の括弧を含む数式を処理するプログラムなどでその効力を発揮する．なお，スタックを使ったプログラムの例として演習問題 4.9 で，再帰的に定義された関数をその定義に即して的確に計算する Ver.2 の while プログラムを取り上げる．

補題 2.5.1（コード関数の基本的性質）．G を長さ m の数列に対するコード関数とする．そのとき，任意の初等関数 $f_0, f_1, \ldots, f_{m-1} : \mathbb{N}^m \to \mathbb{N}$ に対して，ある初等関数 $f : \mathbb{N} \to \mathbb{N}$ が存在して，

$$f(G(\vec{x})) = G(f_0(\vec{x}), f_1(\vec{x}), \ldots, f_{m-1}(\vec{x}))$$

がすべての $\vec{x} \in \mathbb{N}^m$ について成り立つ．つまり，次図の左上から右下に至る二つの経路で示される関数 $f \circ G$ と $G \circ (f_0, \ldots, f_{m-1})$ は等しい．

$$\begin{array}{ccc}
\vec{x} = (x_0, \ldots, x_{m-1}) & \xrightarrow{G} & \bullet \\
{\scriptstyle (f_0, \ldots, f_{m-1})} \downarrow & & \downarrow {\scriptstyle f} \\
(f_0(\vec{x}), \ldots, f_{m-1}(\vec{x})) & \xrightarrow{G} & \bullet
\end{array}$$

証明 関数 $f_0, f_1, \ldots, f_{m-1} : \mathbb{N}^m \to \mathbb{N}$ とコード関数 $G : \mathbb{N}^m \to \mathbb{N}$ とそのデコード関数 $(G_0, \ldots, G_{m-1}) : \mathbb{N} \to \mathbb{N}^m$ を使って $f : \mathbb{N} \to \mathbb{N}$ を

$$f(x) \stackrel{\text{def}}{=} G(f_0(G_0(x), \ldots, G_{m-1}(x)), \ldots, f_{m-1}(G_0(x), \ldots, G_{m-1}(x)))$$

により定める．すると，G と各 G_j, f_j は初等関数であるから f も初等関数であり，さらに各 $\vec{x} = (x_0, \ldots, x_{m-1}) \in \mathbb{N}^m$ と各 $j < m$ に対して $G_j(G(\vec{x})) = x_j$ であるから，$f(G(\vec{x})) = G(f_0(\vec{x}), f_1(\vec{x}), \ldots, f_{m-1}(\vec{x}))$ が成り立つ． □

定理 2.5.2（while プログラムの第二標準形定理）． N プログラムで計算される関数は常に次の形の Ver.2 の while プログラムで計算することができる．

```
input(x₁, ..., xₙ);
w := g(x₁, ..., xₙ);
while r(w) do [w := f(w)];
y := g'(w);
output(y)
```

ただし，g, f, g' は初等関数で，r は初等述語である．

証明 定理 1.4.1 で，任意の Ver.1 の N プログラム P に対して P と同じ関数を計算する次の形の Ver.1 の while プログラムがあることを見た．

Q: input($\mathsf{x}_1, \ldots, \mathsf{x}_n$);
         while $\mathsf{x}_0 < k$ do $[(\mathsf{x}_0, \mathsf{x}_1, \ldots, \mathsf{x}_m) := (t_0, t_1, \ldots, t_m)]$;
         output(x_l)

ここで，$\mathsf{x}_0, \mathsf{x}_1, \ldots, \mathsf{x}_m$ は Q に現れるすべての変数を並べた列で，$t_0, t_1, \ldots, t_m$ は算術式であり，したがって $f_j(x_0, x_1, \ldots, x_m) = t_j$ $(j \leq m)$ で定義される関数 $f_0, f_1, \ldots, f_m$ は初等関数である．すると，関数列 $f_0, f_1, \ldots, f_m$ と長さ $m+1$ の数列に対するコード関数 $G : \mathbb{N}^{m+1} \to \mathbb{N}$ に対して，前補題より $f \circ G = G \circ (f_0, f_1, \ldots, f_m)$ を満たす初等関数 $f : \mathbb{N} \to \mathbb{N}$ が存在する．その f と G およびそのデコード関数 $(G_0, G_1, \ldots, G_m)$ を使って Ver.2 の while プログラム R を次のように構成する．

R: input($\mathsf{x}_1, \ldots, \mathsf{x}_n$);
         $\mathsf{w} := G(0, \mathsf{x}_1, \ldots, \mathsf{x}_n, 0, 0, \ldots, 0)$;
         while $G_0(\mathsf{w}) < k$ do $[\mathsf{w} := f(\mathsf{w})]$;
         $\mathsf{y} := G_l(\mathsf{w})$;
         output(y)

こうして作られた R ともとの while プログラム Q のあいだに次の関係がある: Q は $m+1$ 個の変数 $\vec{\mathsf{x}} = (\mathsf{x}_0, \mathsf{x}_1, \ldots, \mathsf{x}_m)$ に $m+1$ 個の自然数を記憶し，それらの値を参照したり更新したりしながら計算を行うのに対して，R ではそれらの値を圧縮した結果 $G(\vec{x})$ を変数 w で記憶し，w の値を参照したり更新したりしながらプログラム Q の計算過程を忠実に模倣する．そして最後に Q が出力命令に到達するとき，かつそのときに限り，R も出力命令に到達して Q と同じ出力結果を出す．図 2.1 にプログラム Q と R の計算過程の対応を

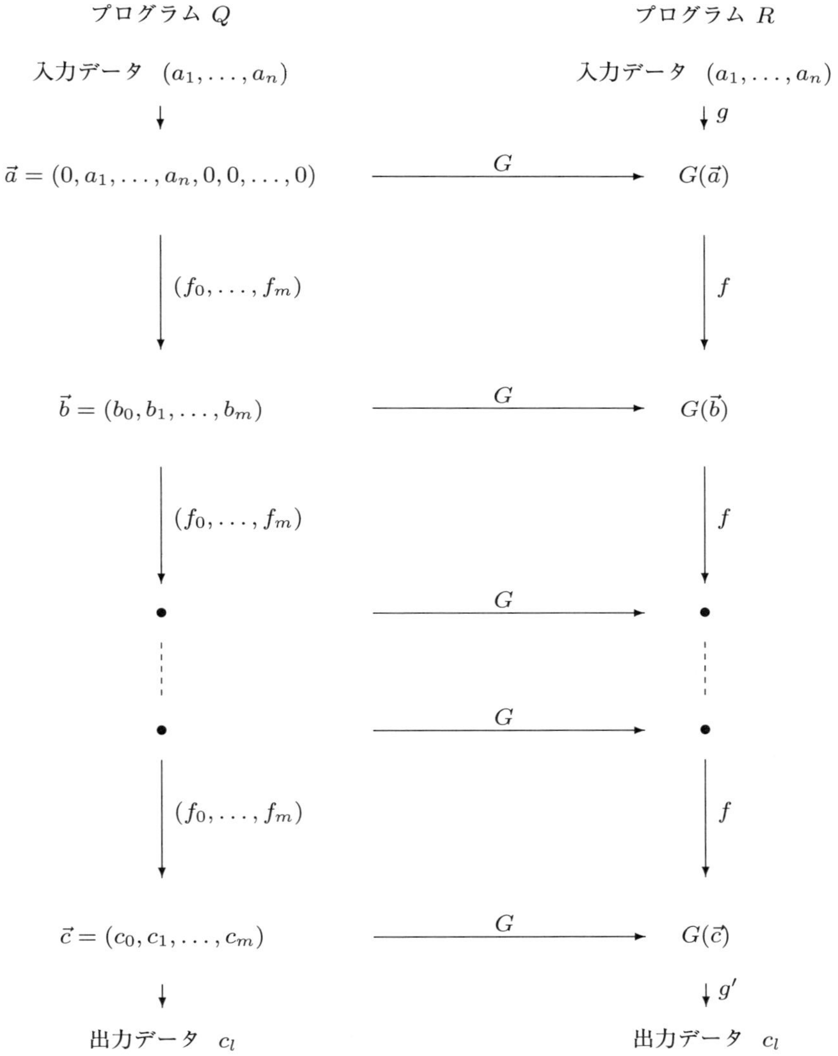

2.5 while プログラムの第二標準形定理

プログラム Q の計算過程:

入力データ $(a_1, \ldots, a_n)$

$\vec{a} = (0, a_1, \ldots, a_n, 0, 0, \ldots, 0)$ $\xrightarrow{G}$ $G(\vec{a})$

$\downarrow (f_0, \ldots, f_m)$ $\downarrow f$

$\vec{b} = (b_0, b_1, \ldots, b_m)$ $\xrightarrow{G}$ $G(\vec{b})$

$\downarrow (f_0, \ldots, f_m)$ $\downarrow f$

$\bullet$ $\xrightarrow{G}$ $\bullet$

$\vdots$

$\bullet$ $\xrightarrow{G}$ $\bullet$

$\downarrow (f_0, \ldots, f_m)$ $\downarrow f$

$\vec{c} = (c_0, c_1, \ldots, c_m)$ $\xrightarrow{G}$ $G(\vec{c})$

出力データ c_l 出力データ c_l

プログラム R: 入力データ $(a_1, \ldots, a_n)$, $\downarrow g$, $\downarrow g'$

図 2.1 プログラム Q と R の計算過程

示す[*29]．こうして，Ver.1 の while プログラム Q が計算する関数 φ_Q と Ver.2 の while プログラム[*30] R が計算する関数 φ_R は等しく，よって R は定理の条件を満たす．□

2.6　反復関数と最小解関数

前節の定理 2.5.2 より，N プログラムで計算される関数の全体は次の形の Ver.2 の while プログラムで計算される関数の全体と等しいことを知った．

R:　　input($\vec{x}$);
　　　　w := $g(\vec{x})$;
　　　　while r(w) do [w := f(w)];
　　　　y := g'(w);
　　　　output(y)

このプログラムは，変数 w の値の判定と更新を繰り返し行う while 文が中心にあり，その前後に入力データをもとに w の初期値を設定する部分と，変数 w から出力データを取り出す部分からなる．以下でこの形の while プログラム R が実際どんな関数を計算するかを調べるため，R の中核をなす while 文に注目し，その while 文のみを本体とする Ver.2 の小さな while プログラム

[*29)] より詳しくいうと，図 2.1 の小さな矩形のそれぞれについて，前補題より左上の頂点から右下の頂点に至る時計回りと反時計回りの二つの経路による計算結果は等しく，したがってそれらを重ねた大きな矩形についても同じことがいえる．このことから，両方のプログラムでループを同じ回数まわったとき，Q の変数 $x_0, x_1, \ldots, x_m$ の値と R の変数 w の値のあいだに $G(x_0, \ldots, x_m) = w$ と $x_j = G_j(w)$ $(j < m)$ の関係が常に保たれる．そしてその結果，Q でループを続行するための条件 $x_0 < k$ が成り立つとき，かつそのときに限り，R でループを続行するための条件 $G_0(w) < k$ が成り立つ．これらのことは，Q で while ループをまわる回数に関する帰納法により容易に確かめられる．

[*30)] $g(x_1, \ldots, x_n) \stackrel{\text{def}}{=} G(0, x_1, \ldots, x_n, 0, 0, \ldots, 0)$, $g'(w) \stackrel{\text{def}}{=} G_l(w)$, $r(w) \stackrel{\text{def}}{=}$ 「$G_0(w) < k$」とおくと g, g' は初等関数で r は初等述語であるから R は確かに Ver.2 の while プログラムである．

2.6 反復関数と最小解関数

R' :   input(w);
    while r(w) do [w := f(w)];
    output(w)

を考える．すると明らかに，R の計算する関数 φ_R と R' の計算する関数 $\varphi_{R'}$ のあいだに

$$\varphi_R = g' \circ \varphi_{R'} \circ g$$

の関係が成り立つ[*31]．ここで，右辺の g, g' は初等関数であるから，残る $\varphi_{R'}$ がどのような関数かが分かれば，R の計算する関数 φ_R の構成が明らかになる．

そこで $\varphi_{R'}$ の実体を詳しく知るため，R' に入力データを与えて計算を始めたとき，(1) while ループを有限回まわって出力結果を出して止まる場合と，(2) while ループを無限にまわり続けて止まらない場合に分けて考える．

(1) R' に入力データとして自然数 a を与えて計算を始めたとき，while ループを有限回まわって出力命令に到達したとする．その場合の R' の出力結果は

$$\varphi_{R'}(a) = \underbrace{f(f(\cdots f(a)\cdots))}_{b},$$

ただし b は $\neg r(\underbrace{f(f(\cdots f(a)\cdots))}_{i})$ を満たす i の最小値である．

(2) 一方，R' に入力データ a を与えて計算を始めたとき，while ループを無限にまわり続けて永久に出力命令に到達しないとする．その場合，関数 $\varphi_{R'}(a)$ の値は定義されない（定義 1.1.3 参照）．つまり，そのような a は関数 $\varphi_{R'}$ の定義域に含まれない．

このような振舞いをする部分関数 $\varphi_{R'}$ を表すため，新しい関数演算（すなわち，関数から関数を得る方法）を二つ導入する．

[*31] この右辺の合成演算については vi ページを参照されたい．またこの等式は部分関数 φ_R と $g' \circ \varphi_{R'} \circ g$ が関数として等しい（すなわち，$\forall \vec{x}[\varphi_R(\vec{x}) \simeq (g' \circ \varphi_{R'} \circ g)(\vec{x})]$ が成り立つ）ことを意味する．詳しくは注意 1.3.2 を見よ．

定義 2.6.1. 1 変数関数 $f : \mathbb{N} \to \mathbb{N}$ の**反復関数** (iteration function) $f^* : \mathbb{N}^2 \to \mathbb{N}$ を

$$\begin{cases} f^*(x, 0) = x, \\ f^*(x, y+1) = f(f^*(x, y)) \end{cases}$$

により定める[*32]. 関数 f から f^* を得る関数演算 $*$ を**反復演算**とよぶ.

例 2.6.2.

1) $f(x) = 2x$ のとき, $f^*(x, y) = x \cdot 2^y$.
2) $f(x) = 2^x$ のとき, $f^*(x, 1) = f(x) = 2^x$, $f^*(x, 2) = f(f(x)) = 2^{2^x}$, $f^*(x, 3) = f(f(f(x))) = 2^{2^{2^x}}$, 一般に $f^*(x, y) = \underbrace{2^{2^{\cdot^{\cdot^{2^x}}}}}_{y}$.

この例の場合,任意の定数 k に対して $f^*(x, k)$ は初等関数だが,第 5 章(例 5.4.4 と定理 5.5.3)で見るように $f^*(x, y)$ は初等関数ではない.このように,初等関数の反復関数は必ずしも初等関数ではない.

新たに導入するもう一つの関数演算は,定義 2.2.10 で導入した有界最小解関数と似た演算である.ただし,有界最小解関数 $\mu y < z\, [p(\vec{x}, y)]$ の場合は,$p(\vec{x}, y)$ が成り立つ y の最小値を z 未満という有界の範囲で探したのに対して,次に定義する「最小解関数」は,条件 $p(\vec{x}, y)$ を満たす自然数 y を $0, 1, 2, \ldots$ と順に見つかるまでいつまでも探し続ける.そして,そのような自然数が永久に見つからなければその関数値は定義されない[*33].

定義 2.6.3(最小解関数). まず,述語 $q : \mathbb{N}^{n+1} \to \{\text{true}, \text{false}\}$ の**最小解関数** (minimization function) $\mu z\, [q(\vec{x}, z)] : \mathbb{N}^n \rightsquigarrow \mathbb{N}$ を

[*32)] $f^*(x, y)$ を $f^y(x)$ または $\overbrace{f(f(\cdots f(x) \cdots))}^{y}$ とも書く.
[*33)] そのため,先の有界最小解関数が全域関数だったのに対して,今回導入する最小解関数は(定義域が $\mathbb{N}^n$ の真部分集合である)真部分関数となることもある.

$\vec{x} \in \mathbb{N}^n$ に対して $q(\vec{x},y)$ を満たす $y \in \mathbb{N}$ があるときかつそのときのみそのような y の最小値 $\min\{\, y \mid q(\vec{x},y)\,\}$ を $\vec{x}$ に対応させる関数として定義する．したがってこの関数の定義域は $\{\, \vec{x} \mid \exists y[q(\vec{x},y)]\,\}$ である．

次に，述語 $q(\vec{x},y)$ が特に「$f(\vec{x},y)=0$」の形（ただし f は全域関数）のとき，$\mu y\,[f(\vec{x},y)=0] : \mathbb{N}^n \leadsto \mathbb{N}$ を**全域関数** f の**最小解関数**という．ところで，述語 $q(\vec{x},y)$ が成り立つこととその特性関数の値 $c_q(\vec{x},y)$ が 0 であることとは同値[*34]であるから，述語 q の最小解関数 $\mu z\,[q(\vec{x},z)]$ は q の特性関数 c_q の最小解関数 $\mu z\,[c_q(\vec{x},z)=0]$ にほかならない．述語または全域関数にその最小解関数を対応させる演算を **μ 演算**（μ-operator）とよぶ[*35]．

これらの記法を使うと前節の定理 2.5.2 の結果は次のように表される[*36]．

系 2.6.4. 関数 $\varphi : \mathbb{N}^n \leadsto \mathbb{N}$ が N プログラムで計算されるときある初等関数 g, g', f と初等述語 q が存在して次が成り立つ：

$$\varphi = g' \circ \varphi' \circ g,$$
$$\text{ただし}\quad \forall w\,[\varphi'(w) \simeq f^*(w, \mu y\,[\,q(f^*(w,y))\,])].$$

証明 本節冒頭で述べた while プログラム R' が，入力データ w に対して while ループを有限回まわって出力結果を出すとき，while ループをまわる回数は $\mu y\,[\neg r(f^*(w,y))]$，出力結果は $f^*(w, \mu y\,[\neg r(f^*(w,y))])$ で表される．一方，R' が入力 w に対してループを無限にまわり続けて止まらないとき，$\mu y\,[\neg r(f^*(w,y))]$ の値は定義されず，したがって $f^*(w, \mu y\,[\neg r(f^*(w,y))])$ の値も定義されない．ゆえに $\forall w\,[\varphi_{R'}(w) \simeq f^*(w, \mu y\,[\neg r(f^*(w,y))])]$ を得る．最後に，この事実と前節の定理 2.5.2 の結果を合わせて系が導かれる． □

[*34] すなわち，$q(\vec{x},y) \iff [c_q(\vec{x},y) = 0]$．
[*35] 部分関数に対する最小解関数については 3.4 節で述べる．
[*36] この事実は証明が単純で分かりやすいが，μ 演算をより巧妙な方法で使用することによりこれより強い結果が次章の定理 3.4.3 で導かれる．

演 習 問 題

2.1 すべての初等関数は全域関数であることを初等関数の構成に関する帰納法により確かめよ．また，系 2.6.4 の部分関数 φ の定義域を示せ．

2.2 算術式は「変数と定数と四則演算からなる式」であるが，それと同様に「変数と定数と初等関数からなる式」を**初等式**とよぶ[*37]．例えば，各自然数 k について

$$\overbrace{\exp(x, \exp(x, \cdots \exp(x, 1) \cdots))}^{k} = \underbrace{x^{x^{\cdot^{\cdot^{\cdot^x}}}}}_{k}$$

は初等式である．また，定義 2.2.2 の 3) で合成関数を定義するさい用いた式 $g(g_1(\vec{x}), g_2(\vec{x}), \ldots, g_m(\vec{x}))$ も初等式である．

任意の初等式 t に対して，その中に $\vec{x} = (x_1, x_2, \ldots, x_n)$ 以外の変数が現れないとき，$f(\vec{x}) \stackrel{\text{def}}{=} t$ で定義される関数 f は初等関数であることを証明せよ．

2.3 述語「$x \leq y$」，「$x < y$」，「$x \neq y$」の特性関数を算術式で表せ．

2.4 累積帰納法（巻頭の「数学的用語，記法など」参照）の原理

$$\forall x \, [\forall y < x \, [p(y)] \to p(x)] \to \forall x \, [p(x)] \tag{2.1}$$

を数学的帰納法により証明せよ．

2.5 素数に関する次の性質を証明せよ．

(1) 2 以上の自然数は素因数分解できる．

(2) 素数は無限に存在する．すなわち，素数を枚挙する関数 pr（例 2.2.11）は全域関数である．

(3) $\forall x \, [\mathrm{pr}(x) \leq \prod_{y < x} \mathrm{pr}(y) + 1]$．

(4) $\forall x \, [\mathrm{pr}(x) \leq 2^{2^x}]$．

2.6 初等関数の再帰的定義（定義 2.2.2）における「算術式」を「掛け算と割り算を含まない算術式」に変えても定義の内容は変わらないことを示せ．

2.7 Ver.1 の while プログラムで計算される関数の全体 $\mathcal{W}_1$ と Ver.2 の while プログラムで計算される関数の全体 $\mathcal{W}_2$ は等しいことを示せ．

[*37] 正確にいうと，初等式の再帰的定義は次のとおりである．(1) 変数および定数は初等式である．(2) $g : \mathbb{N}^m \to \mathbb{N}$ が初等関数で $t_1, t_2, \ldots, t_m$ が初等式のとき $g(t_1, t_2, \ldots, t_m)$ も初等式である．(3) 上記以外は初等式でない．

2.8 次の条件を満たす初等関数 append, search: $\mathbb{N}^2 \to \mathbb{N}$ を求めよ.

$\text{append}(\langle x_0, \ldots, x_{m-1}\rangle, \langle y_0, \ldots, y_{n-1}\rangle)$
$= \langle x_0, \ldots, x_{m-1}, y_0, \ldots, y_{n-1}\rangle,$

$\text{search}(\langle x_0, x_1, \ldots, x_{m-1}\rangle, y)$
$= \begin{cases} \min\{j | x_j = y\} & x_j = y \text{ を満たす } j\ (<m) \text{ があるとき,} \\ m & \text{上記以外のとき.} \end{cases}$

2.9 ($\mathbb{N}^2$ から $\mathbb{N}$ の上へのコード関数) 初等関数 $\text{pair}: \mathbb{N}^2 \to \mathbb{N}$ を

$$\text{pair}(x, y) \stackrel{\text{def}}{=} \sum_{u < x+y} \text{suc}(u) + x = (1 + 2 + \cdots + (x+y)) + x$$

により定める (次図参照). このとき次が成り立つことを示せ.

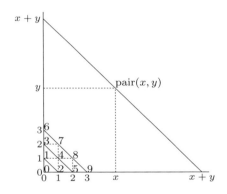

(1) pair は長さ 2 の数列に対するコード関数である.
(2) pair は $\mathbb{N}^2$ から $\mathbb{N}$ の上への 1 対 1 関数である.
(3) 正整数 m に対して関数 $I^{(m)}: \mathbb{N}^m \to \mathbb{N}$ を次のように定める[*38].

$$I^{(1)}(x) \stackrel{\text{def}}{=} x, \qquad I^{(m+1)}(x, \vec{y}) \stackrel{\text{def}}{=} \text{pair}(x, I^{(m)}(\vec{y})).$$

すると, 各 $I^{(m)}$ は $\mathbb{N}^m$ から $\mathbb{N}$ の上への 1 対 1 の (長さ m の数列に対する) コード関数である.

2.10 n 以下の素数表を求める次のアルゴリズムをエラトステネスの篩（ふるい）という. まず, 2 以上 n 以下の自然数をすべて篩に入れる. 次に, 篩の中の $\sqrt{n}$ 以下の各自然数

[*38] 例えば, $I^{(4)}(x_1, x_2, x_3, x_4) = \text{pair}(x_1, \text{pair}(x_2, \text{pair}(x_3, x_4)))$.

i について，値の小さいものから順に「i 自身を除く i の倍数をすべて篩から落とす」作業を行う．こうして素数でない数を次々に篩から落とすと最後に n 以下の素数の全体が篩の中に残る．この考え方に従い入力された自然数 n に対して n 以下の素数表のコードを出力する Ver.2 の while プログラムを示せ．

第 3 章
原始再帰的関数と再帰的関数

CHAPTER 3

　前章で，N プログラムによって計算される関数は一般に初等関数と三つの関数演算（合成，反復，μ 演算）を使って表現できることを見た．本章では，その考察をさらに進めることにより N プログラムで計算される関数全体の集合 $\mathcal{N}$ をいくつかの方法で数学的に特徴づけるとともに，前章の結果の一部を強化する．

3.1　原始再帰法と原始再帰的関数

　はじめに，これまで直感的な説明で済ませてきた自然数の足し算や掛け算などがより基本的な 3 種類の関数から再帰的に定義できることを示す．

例 3.1.1.　自然数の足し算 $\mathrm{add}(x, y) = x + y$ は，x に「1 を足す」という操作を繰り返し y 回行った結果に等しい．すなわち

$$x + y = (\cdots((x\overbrace{+1)+1)\cdots +1}^{y}). \tag{3.1}$$

このことに注目して足し算の定義を「$\cdots$」を使わずに再帰的に次のように述べることができる[*1]．

[*1] 式 (3.1) と (3.2) の違いは，(3.1) が「$\cdots$」を用いて無限の等式を直感的に表しているのに対して，(3.2) ではそれらが 2 個の公式の形にまとめられ，その公式に有限回代入操作を行うことにより (3.1) のすべての等式が，そしてそのみが得られる点にある．例えば，$\mathrm{add}(x, 2) = \mathrm{add}(x, 1) + 1 = (\mathrm{add}(x, 0) + 1) + 1 = (x + 1) + 1$.

$$\begin{cases} \mathrm{add}(x,0) = x, \\ \mathrm{add}(x,y+1) = \mathrm{add}(x,y)+1. \end{cases} \tag{3.2}$$

例 3.1.2. 足し算を既知としたとき，掛け算 $\mathrm{mult}(x,y) = x \times y$ は 0 に「x を足す」という操作を繰り返し y 回行うことにより得られる．すなわち

$$x \times y = (\cdots((0 \overbrace{+x)+x)\cdots +x}^{y}). \tag{3.3}$$

このことに注目して，自然数の掛け算の定義を足し算を用いて再帰的に次のように述べることができる．

$$\begin{cases} \mathrm{mult}(x,0) = 0, \\ \mathrm{mult}(x,y+1) = \mathrm{add}(\mathrm{mult}(x,y),x). \end{cases} \tag{3.4}$$

これらの再帰的な定義に共通なことは，新しい関数 $f : \mathbb{N}^{n+1} \to \mathbb{N}$ を定義するのに既知の二つの関数 $g : \mathbb{N}^n \to \mathbb{N}$ と $g' : \mathbb{N}^{n+2} \to \mathbb{N}$ をもとに

$$\begin{cases} f(\vec{x},0) = g(\vec{x}), \\ f(\vec{x},y+1) = g'(\vec{x},y,f(\vec{x},y)) \end{cases} \tag{3.5}$$

という形で $f(\vec{x},0), f(\vec{x},1), f(\vec{x},2), \ldots$ の順に関数の値を具体的に定めている点である．実際，足し算 $\mathrm{add}(x,y)$ の再帰的定義 (3.2) は，(3.5) において $\vec{x}$ が 1 個の変数 x で，$g(x) = x$, $g'(x,y,z) = z+1$ の場合に相当する．また，掛け算 $\mathrm{mult}(x,y)$ の定義 (3.4) は同じく $\vec{x}$ が 1 個の変数 x で，$g(x) = 0$, $g'(x,y,z) = \mathrm{add}(z,x)$ の場合に相当する．

このように関数値 $f(\vec{x},y)$ を (3.5) の形で定めることにより関数 f を定義する方法を**原始再帰法**（primitive recursion）による関数定義という．

例 3.1.3. 自然数の引き算 $\mathrm{sub}(x,y) = x \dot{-} y$ も

$$x \dot{-} y = (\cdots((x \overbrace{\dot{-}1)\dot{-}1)\cdots \dot{-}1}^{y})$$

のように x から「1を引く」という操作を繰り返し y 回行うことにより得られるから，原始再帰法で次のように表すことができる．

$$\begin{cases} \mathrm{sub}(x, 0) = x, \\ \mathrm{sub}(x, y+1) = \mathrm{pred}(\mathrm{sub}(x, y)) \end{cases} \tag{3.6}$$

ただし，pred は「1を引く」ことを意味する**前者関数**（predecessor function）とよばれる関数で，これもやはり原始再帰法で $g(\ ) = 0$ と $g'(y, z) = y$ をもとに次のように定義される．

$$\begin{cases} \mathrm{pred}(0) = 0, \\ \mathrm{pred}(y+1) = y. \end{cases} \tag{3.7}$$

このように見てくると私たちにとって身近な自然数関数を正確に定義する上で原始再帰法が代入操作（関数合成）とともに重要な役割を果たすことが分かる．一方，次のように原始再帰法を使って関数演算を定義することもできる．

例 3.1.4. $f(\vec{x}, y)$ の総和関数 $f_+(\vec{x}, y) = \sum_{z<y} f(\vec{x}, z)$ は $g(\vec{x}) = 0$ と $g'(\vec{x}, y, z) = \mathrm{add}(z, f(\vec{x}, y))$ から原始再帰法

$$\begin{cases} f_+(\vec{x}, 0) = 0, \\ f_+(\vec{x}, y+1) = f_+(\vec{x}, y) + f(\vec{x}, y) \end{cases}$$

により得られる．同様に，$f(\vec{x}, y)$ の総積関数 $f_\times(\vec{x}, y) = \prod_{z<y} f(\vec{x}, z)$ は $g(\vec{x}) = 1$ と $g'(\vec{x}, y, z) = \mathrm{mult}(z, f(\vec{x}, y))$ から原始再帰法

$$\begin{cases} f_\times(\vec{x}, 0) = 1, \\ f_\times(\vec{x}, y+1) = f_\times(\vec{x}, y) \times f(\vec{x}, y) \end{cases}$$

により得られる．

例 3.1.5. $f(x)$ の反復関数 $f^*(x, y)$ は $g(x) = x$ と $g'(x, y, z) = f(z)$ から原始再帰法

$$\begin{cases} f^*(x,0) = x, \\ f^*(x,y+1) = f(f^*(x,y)) \end{cases}$$

により得られる.

前章で私たちは，算術式で定義される関数に総和，総積，合成の三つの関数演算を有限回適用して得られる関数として初等関数を定義した．それと同様の考え方で，算術式で定義される関数に原始再帰法と合成演算を有限回適用して得られる関数を原始再帰的関数とよぶ．ただし，算術式で使われる四則演算のうち加算 $+$，減算 $\dot{-}$，乗算 $\times$ は上で見たように，定数関数，後者関数および射影関数 $\mathrm{p}_{n,i} : (x_1, x_2, \ldots, x_n) \mapsto x_i$ に原始再帰法と合成を適用することにより得られる．実は，割り算 $\div$ の場合も同様であることが下の例 3.1.7 の 3) で示される．これらのことをふまえて整理すると原始再帰的関数の再帰的定義は次のようにまとめられる．

定義 3.1.6. 原始再帰的関数（primitive recursive function）の再帰的定義
1) 零関数 $\mathrm{zero}_n(\vec{x}) = 0$（ただし $n \geq 0$），後者関数 $\mathrm{suc}(x) = x+1$，および射影関数 $\mathrm{p}_{n,i}(x_1, x_2, \ldots, x_n) = x_i$（ただし $1 \leq i \leq n$）は原始再帰的関数である．この3種類の関数を（原始再帰的関数の）初期関数とよぶ．
2) $g : \mathbb{N}^n \to \mathbb{N}$ と $g' : \mathbb{N}^{n+2} \to \mathbb{N}$ が原始再帰的関数のとき，原始再帰法

$$\begin{cases} f(\vec{x}, 0) = g(\vec{x}), \\ f(\vec{x}, y+1) = g'(\vec{x}, y, f(\vec{x}, y)) \end{cases}$$

で定義される関数 $f : \mathbb{N}^{n+1} \to \mathbb{N}$ は原始再帰的関数である．
3) $g : \mathbb{N}^m \to \mathbb{N}$ と $g_j : \mathbb{N}^n \to \mathbb{N}$ ($j = 1, 2, \ldots, m$) が原始再帰的関数のとき，合成関数 $g \circ (g_1, g_2, \ldots, g_m) : \vec{x} \mapsto g(g_1(\vec{x}), g_2(\vec{x}), \ldots, g_m(\vec{x}))$ も原始再帰的関数である[*2]．

[*2] 原始再帰的関数で構成される一般の合成関数も原始再帰的であることがこの定義から導かれる（注意 2.2.4）.

4) 上記以外は原始再帰的関数ではない.

原始再帰的関数の全体からなる集合を本書では $\mathcal{P}$ で表す.

初等関数の場合と同様にして,すべての原始再帰的関数は全域関数であることが示せる(演習問題 3.1 参照).

例 3.1.7.

1) 零関数 zero_n と後者関数 suc の合成によりすべての定数関数が得られる.よってすべての定数関数は原始再帰的関数である.

2) 足し算 $\mathrm{add}(x,y)$ は例 3.1.1 で見たとおり
$$\begin{cases} \mathrm{add}(x,0) = x, \\ \mathrm{add}(x,y+1) = \mathrm{add}(x,y) + 1 \end{cases}$$
を満たすから $g = \mathrm{p}_{1,1}$ と $g' = \mathrm{suc} \circ \mathrm{p}_{3,3}$ から原始再帰法で定義される原始再帰的関数である.同様に例 3.1.2, 3.1.3 で見たとおり,掛け算 $\mathrm{mult}(x,y)$ は $g = \mathrm{zero}_1$ と $g' = \mathrm{add} \circ (\mathrm{p}_{3,3}, \mathrm{p}_{3,1})$ から原始再帰法で定義され,前者関数 $\mathrm{pred}(y) = y \dot{-} 1$ は $g = \mathrm{zero}_0$ と $g' = \mathrm{p}_{2,1}$ から,また,引き算 $\mathrm{sub}(x,y)$ は $g = \mathrm{p}_{1,1}$ と $g' = \mathrm{pred} \circ \mathrm{p}_{3,3}$ からそれぞれ原始再帰法で定義される.よってこれらの関数も原始再帰的である.

3) 自然数の割り算 $\mathrm{div}(x,y) = x \div y$ は,$y \times z \leq x$ を満たす $z\,(\leq x)$ の最大値で,それはまた $y \times \mathrm{suc}(z) \leq x$ を満たす $z\,(<x)$ の個数でもある.したがって,$x \div y = \sum_{z<x} (1 \dot{-} (y \times \mathrm{suc}(z) \dot{-} x))$. この式の右辺は定数関数,射影関数,後者関数,引き算,掛け算から合成と総和演算により得られるから,例 3.1.4 と上の 1), 2) より割り算も原始再帰的関数である.

3.2 初等関数と原始再帰的関数

本節では,原始再帰的関数の集合 $\mathcal{P}$ は初等関数に合成 $\circ$ と反復 $*$ を有限回(0 回以上)適用して得られる関数の集合 $[\mathcal{E}; \circ, *]$ と等しいことを示す.

補題 3.2.1. すべての初等関数は原始再帰的関数である.

証明 初等関数の構成に関する帰納法による.

1) 初等関数 f が算術式 t で $f(\vec{x}) = t$ と定義されるときは算術式 t の構成に関する帰納法による.
   - t が定数のとき f は定数関数であるから例 3.1.7 の 1) より明らか.
   - t が変数のとき f は射影関数であるから定義 3.1.6 の 1) による.
   - $t = t_1 + t_2$ のとき,（算術式の構成に関する）帰納法の仮定より関数 $f_i(\vec{x}) \stackrel{\text{def}}{=} t_i$ $(i = 1, 2)$ は原始再帰的関数である. 一方, 例 3.1.7 の 2) より足し算 $\mathrm{add}(x, y) = x + y$ は原始再帰的関数で, かつ $f(\vec{x}) = t_1 + t_2 = \mathrm{add}(f_1(\vec{x}), f_2(\vec{x}))$ であるから $f = \mathrm{add} \circ (f_1, f_2)$ も原始再帰的関数である. $t = t_1 \times t_2, t = t_1 \dot{-} t_2, t = t_1 \div t_2$ の場合も同様である.

2) $f = g_+$ で g が初等関数のとき,（初等関数の構成に関する）帰納法の仮定より g は原始再帰的関数であるから, 例 3.1.4 より g_+ も原始再帰的関数である. 総積関数の場合も同様である.

3) $f = g \circ (g_1, g_2, \ldots, g_m)$ で $g, g_1, g_2, \ldots, g_m$ が初等関数のとき,（初等関数の構成に関する）帰納法の仮定と定義 3.1.6 より明らか. □

系 3.2.2. $[\mathcal{E}; \circ, *] \subseteq \mathcal{P}$.

証明 $[\mathcal{E}; \circ, *]$ の構成に関する帰納法による. 実際, 前補題より $\mathcal{E}$ は $\mathcal{P}$ に含まれ, $\mathcal{P}$ は合成と原始再帰法のもとで閉じていることと, 反復演算は原始再帰法の特殊な場合であること（例 3.1.5）から, $[\mathcal{E}; \circ, *] \subseteq \mathcal{P}$ を得る. □

例 3.2.3. 初等関数 $\exp_2(x) \stackrel{\text{def}}{=} 2^x$ の反復関数 $(\exp_2)^*(x, y) = \underbrace{2^{2^{\cdots^{2^x}}}}_{y}$ は前系より原始再帰的関数であるが, 初等関数ではないことが後に示される（例 5.4.4 と定理 5.5.3）. よって $\mathcal{E}$ は反復演算のもとで（したがって原始再帰法のもとでも）閉じていない.

3.2 初等関数と原始再帰的関数

定理 3.2.4. $\mathcal{P} = [\mathcal{E}; \circ, *]$.

証明 系 3.2.2 の逆の包含関係 $\mathcal{P} \subseteq [\mathcal{E}; \circ, *]$ を示せばよい．証明は $\mathcal{P}$ の構成に関する帰納法による．$\mathcal{P}$ の初期関数 zero_n, suc, $\mathrm{p}_{n,i}$ は例 2.2.3 より $\mathcal{E}$ に属する．また $[\mathcal{E}; \circ, *]$ は合成のもとで閉じている．よって，以下で $[\mathcal{E}; \circ, *]$ が原始再帰法のもとで閉じていること，すなわち $g: \mathbb{N}^n \to \mathbb{N}$ と $g': \mathbb{N}^{n+2} \to \mathbb{N}$ が $[\mathcal{E}; \circ, *]$ に属するとき

$$\begin{cases} h(\vec{x}, 0) = g(\vec{x}), \\ h(\vec{x}, y+1) = g'(\vec{x}, y, h(\vec{x}, y)) \end{cases}$$

で定義される関数 $h: \mathbb{N}^{n+1} \to \mathbb{N}$ も $[\mathcal{E}; \circ, *]$ に属することを示せばよい．

その証明の基本的なアイディアは，原始再帰法に基づく関数 h の計算過程を，コード関数を用いてある 1 変数関数の反復関数の形で表すもので，これは while プログラムの第二標準形定理（定理 2.5.2）を導くさいに用いたのと共通する考え方である．以下にその議論を 4 段階に分けて解説する．

1) はじめに，初等関数に対して補題 2.5.1 で示した性質が $[\mathcal{E}; \circ, *]$ に属する関数（略して $[\mathcal{E}; \circ, *]$ 関数とよぶ）についても成り立つことに注意する．すなわち，任意の正整数 m とコード関数 $G: \mathbb{N}^m \to \mathbb{N}$，および任意の $[\mathcal{E}; \circ, *]$ 関数 $f_0, f_1, \ldots, f_{m-1}: \mathbb{N}^m \to \mathbb{N}$ に対して，ある $[\mathcal{E}; \circ, *]$ 関数 $f: \mathbb{N} \to \mathbb{N}$ が存在して $f \circ G = G \circ (f_0, f_1, \ldots, f_{m-1})$ が成り立つ[*3]．

2) 次に，原始再帰法に基づく関数 h の計算過程を，関数値 $h(\vec{x}, y)$ とそれに関与する変数 $\vec{x}, y$ の値の変化に注目して図 3.1 の左側の列のように表す．ただし，$\vec{x} = (x_0, x_1, \ldots, x_{n-1})$ のとき各 $i \le n+1$ に対して関数 $f_i: \mathbb{N}^{n+2} \to \mathbb{N}$ は次で定める．

[*3] その証明は補題 2.5.1 の証明中の「初等関数」を $[\mathcal{E}; \circ, *]$ 関数で置き換えることにより直ちに得られる．なお，この事実は $[\mathcal{E}; \circ, *]$ に限らず，$\mathcal{E}$ を含み合成のもとで閉じた全域関数の集合について一般に成り立つ．

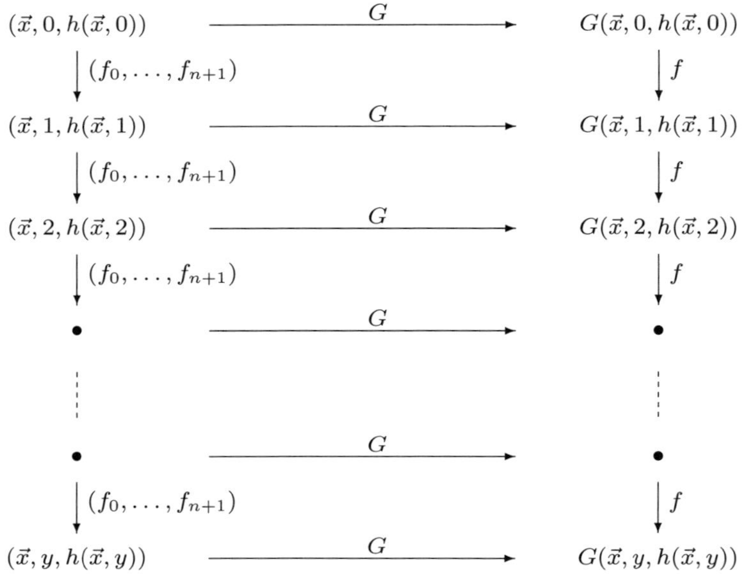

3. 原始再帰的関数と再帰的関数

$$
\begin{array}{ccc}
(\vec{x}, 0, h(\vec{x}, 0)) & \xrightarrow{\ G\ } & G(\vec{x}, 0, h(\vec{x}, 0)) \\
\downarrow (f_0, \ldots, f_{n+1}) & & \downarrow f \\
(\vec{x}, 1, h(\vec{x}, 1)) & \xrightarrow{\ G\ } & G(\vec{x}, 1, h(\vec{x}, 1)) \\
\downarrow (f_0, \ldots, f_{n+1}) & & \downarrow f \\
(\vec{x}, 2, h(\vec{x}, 2)) & \xrightarrow{\ G\ } & G(\vec{x}, 2, h(\vec{x}, 2)) \\
\downarrow (f_0, \ldots, f_{n+1}) & & \downarrow f \\
\bullet & \xrightarrow{\ G\ } & \bullet \\
\vdots & & \vdots \\
\bullet & \xrightarrow{\ G\ } & \bullet \\
\downarrow (f_0, \ldots, f_{n+1}) & & \downarrow f \\
(\vec{x}, y, h(\vec{x}, y)) & \xrightarrow{\ G\ } & G(\vec{x}, y, h(\vec{x}, y))
\end{array}
$$

図 **3.1** 原始再帰法による計算過程と反復関数によるその実現

$$
f_i(\vec{x}, y, z) \stackrel{\text{def}}{=} \begin{cases} x_i & i < n \text{ のとき}, \\ y + 1 & i = n \text{ のとき}, \\ g'(\vec{x}, y, z) & i = n+1 \text{ のとき}. \end{cases}
$$

3) すると,関数 $f_0, f_1, \ldots, f_{n+1}$ が $[\mathcal{E}; \circ, *]$ に属することと 1) から,ある $[\mathcal{E}; \circ, *]$ 関数 $f : \mathbb{N} \to \mathbb{N}$ が存在して次が成り立つ:

$$f \circ G = G \circ (f_0, f_1, \ldots, f_{n+1}).$$

さらに,この式を繰り返し適用することにより

$$f^y \circ G = G \circ (f_0, f_1, \ldots, f_{n+1})^y$$

を得る(図 3.1 参照).よって任意の $(\vec{x}, y) \in \mathbb{N}^{n+1}$ について

$$G(\vec{x}, y, h(\vec{x}, y)) = (f^y \circ G)(\vec{x}, 0, g(\vec{x})) \qquad h(\vec{x}, 0) = g(\vec{x}) \text{ より}$$
$$= f^*(G(\vec{x}, 0, g(\vec{x})), y).$$

4) 最後に, G のデコード関数 $(G_0, G_1, \ldots, G_{n+1})$ の成分 G_{n+1} を使って

$$h(\vec{x}, y) = G_{n+1}(G(\vec{x}, y, h(\vec{x}, y)))$$
$$= G_{n+1}(f^*(G(\vec{x}, 0, g(\vec{x})), y))$$

を得る. ここで $f, g \in [\mathcal{E}; \circ, *]$ より $f^* \in [\mathcal{E}; \circ, *]$, かつ $G, G_{n+1} \in \mathcal{E} \subseteq [\mathcal{E}; \circ, *]$ であるから, 関数 h は $[\mathcal{E}; \circ, *]$ に属する. □

3.3 再帰的関数と N プログラム

前定理と例 3.2.3 より原始再帰的関数は初等関数を真に拡張した概念である. この節では, 原始再帰的関数をさらに拡張することにより, 計算論で中心的な存在である「再帰的関数」の概念を導入し, N プログラムで計算される関数全体の集合と再帰的関数全体の集合が一致することを示す.

定義 3.3.1. 再帰的関数 (recursive function) の再帰的定義
1) 原始再帰的関数は再帰的関数である.
2) 原始再帰的関数 $f : \mathbb{N}^{n+1} \to \mathbb{N}$ の最小解関数 $\mu z[f(\vec{x}, z) = 0] : \mathbb{N}^n \rightsquigarrow \mathbb{N}$ は再帰的関数である[*4)].
3) $\psi : \mathbb{N}^m \rightsquigarrow \mathbb{N}$ と $\psi_j : \mathbb{N}^n \rightsquigarrow \mathbb{N}$ $(j = 1, 2, \ldots, m)$ が再帰的関数のとき, 合成関数 $\psi \circ (\psi_1, \ldots, \psi_m) : \mathbb{N}^n \rightsquigarrow \mathbb{N}$ ただし

$$\begin{cases} (\psi \circ (\psi_1, \ldots, \psi_m))(\vec{x}) \stackrel{\text{def}}{=} \psi(\psi_1(\vec{x}), \ldots, \psi_m(\vec{x})) \\ \quad \psi_1(\vec{x})\downarrow, \ldots, \psi_m(\vec{x})\downarrow, \psi(\psi_1(\vec{x}), \ldots, \psi_m(\vec{x}))\downarrow \text{ のとき}, \\ (\psi \circ (\psi_1, \ldots, \psi_m))(\vec{x})\uparrow \qquad \text{上記以外のとき} \end{cases}$$

[*4)] f は全域関数であることに注意.

54   3. 原始再帰的関数と再帰的関数

も再帰的関数である[*5]．
4）上記以外は再帰的関数でない．
再帰的関数の全体からなる集合を $\mathcal{R}$ で表す．

この定義を使うと前章の系 2.6.4 の結果は次のように述べることができる．

系 3.3.2. $\varphi : \mathbb{N}^n \rightsquigarrow \mathbb{N}$ が N プログラムで計算されるなら，φ はある原始再帰的関数 $h, h' : \mathbb{N}^{n+1} \to \mathbb{N}$ を用いて $\varphi(\vec{x}) \simeq h(\vec{x}, \mu z[h'(\vec{x}, z) = 0])$ と表される再帰的関数である[*6]．

証明 系 2.6.4 で N プログラムで計算される関数 φ はある初等関数 g, g', f と初等述語 q を使って

$$\varphi = g' \circ \varphi' \circ g \quad \text{ただし } \forall w[\varphi'(w) \simeq f^*(w, \mu y [q(f^*(w, y))])]$$

と表されることを見た．この2式をまとめると

$$\varphi(\vec{x}) \simeq h(\vec{x}, \mu z[h'(\vec{x}, z) = 0])$$

ただし $h(\vec{x}, z) = g'(f^*(g(\vec{x}), z))$, $h'(\vec{x}, z) = c_q(f^*(g(\vec{x}), z))$ となる．ここで，g, g', c_q, f^* は系 3.2.2 より原始再帰的関数であるから，h と h' も原始再帰的関数であり，よって定義 3.3.1 より φ は再帰的関数である． □

N プログラムで計算される関数の全体を $\mathcal{N}$ とおく．すると，上の系と次の定理より $\mathcal{N}$ は再帰的関数の全体 $\mathcal{R}$ と等しいことが分かる．

定理 3.3.3. すべての再帰的関数は N プログラムで計算できる．
証明 はじめに原始再帰的関数の場合を考え，その結果をふまえて一般の再帰的関数の場合を証明する．

[*5] 再帰的関数で構成される一般の合成関数も再帰的である（注意 2.2.4 参照）．
[*6] 記号 $\simeq$ については注意 1.3.2 を参照せよ．なお，この結果は後の定理 3.4.3 で改良される．

1) 初等関数の場合（定理 2.3.1 と同様に「すべての原始再帰的関数は入力変数の値を変えない while プログラムで計算できる」ことを原始再帰的関数の構成に関する帰納法で示す.

 • 零関数 $\mathrm{zero}_n(\vec{x}) = 0$, 後者関数 $\mathrm{suc}(x) = x + 1$, 射影関数 $\mathrm{p}_{n,i}(x_1, x_2, \ldots, x_n) = x_i$ の場合[*7)], それぞれ次の while プログラムが条件を満たす.

$$\mathrm{input}(\vec{x}); \quad \mathsf{y} := 0; \quad \mathrm{output}(\mathsf{y})$$
$$\mathrm{input}(\mathsf{x}); \quad \mathsf{y} := \mathsf{x} + 1; \quad \mathrm{output}(\mathsf{y})$$
$$\mathrm{input}(\vec{\mathsf{x}}); \quad \mathrm{output}(\mathsf{x}_i)$$

 • $h(\vec{x}, y)$ が原始再帰的関数 $g(\vec{x})$ と $g'(\vec{x}, y, z)$ から原始再帰法

$$\begin{cases} h(\vec{x}, 0) = g(\vec{x}) \\ h(\vec{x}, y+1) = g'(\vec{x}, y, h(\vec{x}, y)) \end{cases}$$

により定義されるとする. そのとき, 帰納法の仮定から入力変数の値を変えない while プログラムでそれぞれ g と g' を計算するもの

$$\mathrm{input}(\vec{\mathsf{x}}); \quad \underline{\mathsf{v} := g(\vec{\mathsf{x}})}; \quad \mathrm{output}(\mathsf{v})$$
$$\mathrm{input}(\vec{\mathsf{x}}, \mathsf{u}, \mathsf{v}); \quad \underline{\mathsf{z} := g'(\vec{\mathsf{x}}, \mathsf{u}, \mathsf{v})}; \quad \mathrm{output}(\mathsf{z})$$

がある[*8)]. これらのプログラムの本体を使って while プログラム[*9)]

$$\mathrm{input}(\vec{\mathsf{x}}, \mathsf{y}); \quad \mathsf{u} := 0; \quad \underline{\mathsf{v} := g(\vec{\mathsf{x}})};$$
$$\mathrm{while}\ \mathsf{u} \neq \mathsf{y}\ \mathrm{do}\ [\underline{\mathsf{z} := g'(\vec{\mathsf{x}}, \mathsf{u}, \mathsf{v})}; \quad \mathsf{u} := \mathsf{u} + 1; \quad \mathsf{v} := \mathsf{z}];$$
$$\mathrm{output}(\mathsf{v})$$

を作ると, これは h の値を原始再帰法の原理に従い $h(\vec{x}, 0), h(\vec{x}, 1),$

[*7)] これらは初等関数であるから定理 2.3.1 ですでに確認済みだが, ここでは後の議論の都合上なるべく簡潔な命令からなるプログラムを示す.
[*8)] $\mathsf{v} := g(\vec{\mathsf{x}})$ などの記法については定理 2.3.1 の証明中の脚注を見よ.
[*9)] 先にも述べたとおり, 異なるプログラム間で明示的に同じ変数名を使用する場合を除いて同じ変数を重複して使うことはないものとする. 以後, この仮定を断りなく用いる.

..., $h(\vec{x}, y)$ の順に計算して最後の値を出力するプログラムで，しかも入力変数 $\vec{x}, y$ の値を最後まで変えない．
- 合成関数の場合は，初等関数の合成関数の場合と同様である．

2) 一般の再帰的関数の場合も上と同様に，「すべての再帰的関数は，入力変数の値を変えない while プログラムで計算できる」ことを，再帰的関数の構成に関する帰納法で示す．
- f が原始再帰的関数の場合は 1) による．
- f が原始再帰的関数で $\varphi(\vec{x}) \simeq \mu y[f(\vec{x}, y) = 0]$ のとき，1) より入力変数の値を変えずに f を計算する while プログラム

$$\text{input}(\vec{x}, y); \quad \underline{z := f(\vec{x}, y)}; \quad \text{output}(z)$$

がある．この本体を使って，関数値 $f(\vec{x}, y)$ を $y = 0, 1, 2, \ldots$ の順に計算していき，その値が 0 となるものがあればそのような最初の y を出力して停止し，そのような y がないときは永久に計算を続ける while プログラムを次のように構成することができる．

$$\begin{aligned}&\text{input}(\vec{x}); \ y := 0; \ \underline{z := f(\vec{x}, y)}; \\ &\text{while } z \neq 0 \ \text{ do } [y := y + 1; \ \underline{z := f(\vec{x}, y)}]; \\ &\text{output}(y)\end{aligned}$$

このプログラムは明らかに φ を計算し，入力変数の値を変えない．
- φ が再帰的関数 $\psi, \psi_1, \ldots, \psi_m$ の合成関数 $\psi \circ (\psi_1, \ldots, \psi_m)$ の場合，考え方は初等関数や原始再帰的関数の場合と同じだが，ただし今回は $\psi, \psi_1, \ldots, \psi_m$ が必ずしも全域関数でないため注意を要する．まず，帰納法の仮定より ψ_j ($j = 1, 2, \ldots, m$) と ψ をそれぞれ計算する while プログラムで入力変数の値を変えないものがあるから，それらを

$$\begin{aligned}&\text{input}(\vec{x}); \ \underline{y_j :\simeq \psi_j(\vec{x})}; \ \text{output}(y_j) \qquad (j = 1, 2, \ldots, m) \\ &\text{input}(y_1, \ldots, y_m); \ \underline{z :\simeq \psi(y_1, \ldots, y_m)}; \ \text{output}(z)\end{aligned}$$

で表す*10).次に,これらのプログラムの本体部分を用いて作られる

$\mathrm{input}(\vec{\mathrm{x}})$;
$\underline{\mathrm{y}_1 :\simeq \psi_1(\vec{\mathrm{x}})}; \ldots; \underline{\mathrm{y}_m :\simeq \psi_m(\vec{\mathrm{x}})}; \underline{\mathrm{z} :\simeq \psi(\mathrm{y}_1, \ldots, \mathrm{y}_m)}$;
$\mathrm{output}(\mathrm{z})$

なる while プログラム P を考える.P はまず,入力データ $\vec{x}$ に対する ψ_j の値の計算を行い結果が出ればそれを変数 y_j に代入するという操作を $j = 1, 2, \ldots, m$ の順に行う.そしてもしそれらの計算がみな有限時間内に終了したら,次に変数 $\mathrm{y}_1, \ldots, \mathrm{y}_m$ の値を使って $\psi(y_1, \ldots, y_m)$ の計算を行う.そしてそれもまた有限時間内に終了したら,そのとき P は計算を終え,最終結果を出力する.しかし,上のどこかの段階で計算が止まらなければ,そのとき P の計算も止まらず結果も出力されない.つまり,$\vec{x}$ に対して P が結果を出すのは $\vec{x}$ に対する合成関数 φ の値が定義されるとき,かつそのときのみであり,しかもその場合 P の出力結果は合成関数 φ の値と等しい.よって,P は(定義 1.1.3 の意味で)関数 φ を計算する. □

系 3.3.4. $\mathcal{N} = \mathcal{R}$.

証明 系 3.3.2 と前定理による. □

前定理の証明の副産物として次のことが分かる.

系 3.3.5. N プログラムの代入命令と判定命令を次図の形に制限したものを **Ver.0** の N プログラムとよぶ.ただしここで x, y は任意の変数とする.この

---

*10) これまでプログラムの一部を,そこで実行される事柄をまとめて代入文風に表したものに下線をつけて表現してきた(28 ページの脚注 *23)を参照)が,例えば $\mathrm{y}_1 :\simeq \psi_1(\vec{\mathrm{x}})$ のように右辺の関数が部分関数の場合は,代入記号 := の代わりに記号 :≃ を用いる.この記法は,右辺の関数値が定義されていればその値を計算して結果を左辺の変数に代入するが,右辺の関数値が定義されないときこの部分の計算は無限に続く(したがってその先の計算は行われない)ことに注意.

とき，Ver.0 の N プログラムで計算される関数の全体 $\mathcal{N}_0$ は N プログラムで計算される関数の全体 $\mathcal{N}\,(=\mathcal{N}_1=\mathcal{N}_2)$ と等しい[*11]．

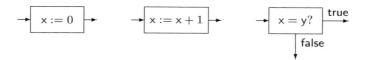

証明 $\mathcal{N}_0 \subseteq \mathcal{N}$ は定義から明らかである．逆を示すには，すべての再帰的関数が Ver.0 の N プログラムで計算できることを示せばよい．そのために前定理の証明で再帰的関数を計算する N プログラムを構成するさい実際に使用した代入命令と判定命令の形を列挙すると，次の 6 種類である．

(1) $y := 0$ (2) $y := x + 1$ (3) $u \neq y$?
(4) $u := u + 1$ (5) $v := z$ (6) $z \neq 0$?

このうち，(1) と (4) は Ver.0 の N プログラムの命令である．(3) については，

は同じ働きをするため，それ自身 Ver.0 の命令と見ることができる．一方，(2) は (5) と (4) の形の命令からなる「$y := x;\ y := y + 1$」によって同じ機能が実現できる．同様に (5) はそれと同じ機能を Ver.0 の命令からなる「$v := 0;\ \text{while } v \neq z \text{ do } [v := v + 1]$」によって実現でき，(6) もまた (1) と (3) の形の命令を組み合わせて同じ機能を実現することができる．よって，系 3.3.4 の結果と合わせて $\mathcal{N} = \mathcal{R} \subseteq \mathcal{N}_0$ を得る． □

3.4 クリーネの標準形定理とその応用

先に定理 3.2.4 で，原始再帰的関数の全体 $\mathcal{P}$ が $[\mathcal{E}; \circ, *]$ と等しいことを見

[*11] この事実は次章で構成する万能関数などが複雑になるのを防ぐ働きをもつ．

た．それに対して本節では，再帰的関数の全体 $\mathcal{R}$ が $[\mathcal{E}; \circ, \mu]$ と等しいことを示す．その証明の鍵となるのはクリーネによる再帰的関数の標準形定理（の初等関数版，定理 3.4.3）である．

そもそも私たちが前章で μ 演算を導入した動機は，N プログラムで計算される関数が一般に，初等関数と合成・反復・μ の 3 演算を使って表現できること（系 2.6.4）を示すためであり，そこでの μ 演算の役割は関数を何回繰り返し適用すれば指定した条件が成り立つか（それとも永久に成り立たないか）を表すためだった．それに対して次の定理 3.4.3 では，μ 演算をより効果的に使用することにより，再帰的関数は一般に初等関数と合成と μ 演算のみで（反復演算を使わずに）表現できることを示す．そのための準備としてまず「N プログラム P の入力データ $\vec{x}$ に対する計算のトレース」という概念を導入する．

定義 3.4.1. N プログラム P が入力 $\vec{x}$ に対して計算結果を出すとき（つまり $\varphi_P(\vec{x})\downarrow$ のとき），P が入力データ $\vec{x}$ を読み込み一連の代入/判定命令を実行したのち出力命令に到達するまでのあいだに，P の（作業領域の）状態[*12]がどのように変化するかを詳しく記録し，それらをまとめて 1 個の自然数でコード化したものを P の $\vec{x}$ に対する計算のトレースという．

具体的にいうと，入力 $\vec{x}$ を読み込んだ直後の P の状態のコードを w_0 とし，次いで有限個の代入/判定命令を次々に実行する過程で P の状態のコードが $w_1, w_2, \ldots, w_b$ と順に変化したのち出力命令に到達したとする．そのとき数列 $(w_0, w_1, \ldots, w_b)$ のコード $\langle w_0, w_1, \ldots, w_b \rangle$ を P の $\vec{x}$ に対する計算のトレース（trace）とよぶ．

一方，$\varphi_P(\vec{x})\uparrow$ のとき P の $\vec{x}$ に対する計算のトレースは存在しない．

補題 3.4.2. 自然数 v が N プログラム P の入力 $\vec{x}$ に対する計算のトレー

[*12] P の実行中に使用されるすべての変数を含む有限の変数列 $\mathsf{x}_0, \mathsf{x}_1, \ldots, \mathsf{x}_m$ を P の作業領域（working space）という．また，作業領域中の各変数 x_i の値が $x_i \in \mathbb{N}$ のとき，数列 $(x_0, x_1, \ldots, x_m)$ をその時点での P の（作業領域 $\mathsf{x}_0, \mathsf{x}_1, \ldots, \mathsf{x}_m$ の）状態という．

スであることを表す述語 $\text{trace}_P(\vec{x},v)$ と，v からその計算の出力結果を取り出す関数 $\text{ans}_P(v)$ が与えられたとする．このとき，P で計算される関数 φ_P は $\forall \vec{x}\,[\varphi_P(\vec{x}) \simeq \text{ans}_P(\mu v\,[\text{trace}_P(\vec{x},v)])]$ を満たす．

証明　$\varphi_P(\vec{x})\!\downarrow$ を満たす $\vec{x}$ に対して，式 $\mu v\,[\text{trace}_P(\vec{x},v)]$ は P の $\vec{x}$ に対する計算のトレースを表すから，このとき $\varphi_P(\vec{x}) = \text{ans}_P(\mu v\,[\text{trace}_P(\vec{x},v)])$ が成り立つ．一方，$\varphi_P(\vec{x})\!\uparrow$ なる $\vec{x}$ に対して $\text{trace}_P(\vec{x},v)$ を満たす v は存在しないから $\mu v\,[\text{trace}_P(\vec{x},v)]$ は値をもたず，したがって $\text{ans}_P(\mu v\,[\text{trace}_P(\vec{x},v)])$ も値をもたない．ゆえに $\forall \vec{x}\,[\varphi_P(\vec{x}) \simeq \text{ans}_P(\mu v\,[\text{trace}_P(\vec{x},v)])]$ が成り立つ． □

上の定義 3.4.1 と補題 3.4.2 における N プログラム P は，Ver.1 に限らず Ver.0 や Ver.2 でもよい．一方，1.4 節で同時代入をある種の逐次代入の略記として導入したが，それらを略記でなく新しい命令として N プログラムに加えた拡張版のプログラムを考えることができ，それについてもトレースの考え方を上と同様に導入することができる．

ところで，任意の再帰的関数 φ に対して φ を計算するプログラム P で，前補題の述語 trace_P と関数 ans_P がともに初等的で，しかもそのことが容易に示せるものがある．そのようなプログラムを使って次の定理を証明する．

定理 3.4.3（クリーネの標準形定理）．　任意の再帰的関数 $\varphi : \mathbb{N}^n \rightsquigarrow \mathbb{N}$ に対して，初等述語 $p : \mathbb{N}^{n+1} \to \{\text{true}, \text{false}\}$ と初等関数 $h : \mathbb{N} \to \mathbb{N}$ が存在して，各 $\vec{x} \in \mathbb{N}^n$ について $\varphi(\vec{x}) \simeq h(\mu v[p(\vec{x},v)])$ が成り立つ．

証明　前節の定理 3.3.3 と while プログラムに対する第 1 章の標準形定理（定理 1.4.1）より，φ を計算する次の形の while プログラムがある．

$Q:$　input($\text{x}_1, \text{x}_2, \ldots, \text{x}_n$);
　　　while $q(\text{x}_0)$ do $[(\text{x}_0, \text{x}_1, \ldots, \text{x}_m) := (t_0, t_1, \ldots, t_m)]$;
　　　output(x_l)

ここで $\text{x}_0, \text{x}_1, \ldots, \text{x}_m$ はこのプログラム上に登場するすべての変数を並べた列

であり,そのうち x_0 はプログラムカウンタの役割を果たす.また,$t_0, t_1, \ldots, t_m$ は算術式である.以下に,Q の入力データ $\vec{x} = (x_1, x_2, \ldots, x_n)$ に対する計算のトレースについて考えるが,そのさい Q における同時代入を基本命令とみなす.いま,Q が入力 $\vec{x}$ を読み込んだのち同時代入を b 回実行して出力命令に到達したとする.そのとき,Q の $\vec{x}$ に対する計算のトレースは $v = \langle w_0, w_1, \ldots, w_b \rangle$ の形で与えられる.ただし

1) w_0 は入力命令を実行した直後の Q の状態のコードを表し,
2) 各 $j < b$ について w_{j+1} は Q が同時代入を j 回実行した直後の状態のコードを表す.
3) 各 w_j 内に記録されたプログラムカウンタの値 $G_0(w_j)$ [*13)] は,$j < b$ のとき Q の述語 q を満たし,$j = b$ のときは q を満たさない.

逆にこれらの条件を満たす v は明らかに Q の $\vec{x}$ に対する計算のトレースである.なお,$\varphi_Q(\vec{x})\uparrow$ のとき上の条件を満たす v は存在しない.

次に,上で述べた「v が Q の $\vec{x}$ に対する計算のトレースである」ための条件は($\vec{x}$ と v に関する)初等述語であることを示すが,そのために第 2 章の標準形定理(定理 2.5.2)が役立つ.なぜなら,その定理で構成した while プログラム

$$R: \quad \begin{aligned} &\text{input}(x_1, x_2, \ldots, x_n); \\ &w := g(x_1, x_2, \ldots, x_n); \\ &\text{while } r(w) \text{ do } [w := f(w)]; \\ &y := g'(w); \\ &\text{output}(y) \end{aligned}$$

は,Q と同じ関数を計算するだけでなく,実は Q の $\vec{x}$ に対する計算が while ループを b 回まわって結果を出力するとき,その計算のトレース v の各成分 $w_0, w_1, \ldots, w_b$ をこの順に計算して,最後の w_b から Q と同じ結果を取り出

[*13)] ここで G_0 はコード関数 $G^{(m+1)} : \mathbb{N}^{m+1} \to \mathbb{N}$ のデコード関数の最初の成分である.

し出力するからである[*14]. このことから, $w_0, w_1, \ldots, w_b$ に関する上の 3 条件のうち 1) と 2) は R 内の初等関数 g と f を使ってそれぞれ $w_0 = g(\vec{x})$ と $\forall j < b\,[w_{j+1} = f(w_j)]$ で表され, 3) は同様に R 内の初等述語 $r = q \circ G_0$ を使って $\forall j < b\,[r(w_j)] \land \neg r(w_b)$ と表される. また, Q による計算のトレース $v = \langle w_0, w_1, \ldots, w_b \rangle$ からその計算の出力結果を取り出す関数は R 内の初等関数 g' と(コード関数 $G^{(b+1)}$ の)デコード関数の最後の成分 G_b を使って $g'(G_b(v)) = g'(w_b)$ と表される.

以上の考え方に基づき, while プログラム Q の $\vec{x}$ に対する計算のトレースは v であることを表す述語 $\mathrm{trace}_Q(\vec{x}, v)$ と, その v から Q の計算結果を取り出す関数 $\mathrm{ans}_Q(v)$ を次のように構成すればよい.

$$\mathrm{trace}_Q(\vec{x}, v) \stackrel{\mathrm{def}}{\iff} \mathrm{code}(v)^{*15)} \land [G_0(v) = g(\vec{x})] \land$$
$$\forall j < b\,[G_{j+1}(v) = f(G_j(v))] \land$$
$$\forall j < b\,[r(G_j(v))] \land [\neg r(G_b(v))].$$
$$\mathrm{ans}_Q(v) \stackrel{\mathrm{def}}{=} g'(G_b(v)).$$

ただし, ここで b は $\mathrm{lh}(v) \dot{-} 1$ を表す. ところで, この述語 trace_Q と関数 ans_Q は第 2 章の結果から明らかに初等的である. よって, 述語 trace_Q を p, 関数 ans_Q を h とおくと, これらは前補題より定理の条件を満たす. □

系 3.4.4. 再帰的関数の全体 $\mathcal{R}$ は, 初等関数と合成 $\circ$ と μ 演算により生成される関数の集合に含まれる. すなわち, $\mathcal{R} \subseteq [\mathcal{E}; \circ, \mu]$.

証明 前定理より明らか. □

前章では μ 演算を述語および全域関数の最小解関数を得るための演算として定義した(定義 2.6.3). 以下で系 3.4.4 の逆の包含関係を示すが, そのために

[*14] while プログラム Q と R の計算過程の対応については図 2.1 を参照せよ. ただし, 図 2.1 の $f_0, f_1, \ldots, f_m$ はそれぞれ Q 内の算術式 $t_0, t_1, \ldots, t_m$ で定義される初等関数を表す.
[*15] $\mathrm{code}(v)$ は v がある数列のコードであることを表す初等述語である(例 2.4.5).

は，まず μ 演算の対象を部分関数に拡張し，次いでそれを再帰的関数に適用した結果がやはり再帰的関数であることを確かめる必要がある．

定義 3.4.5（部分関数に対する μ 演算）．部分関数 $\psi : \mathbb{N}^{n+1} \rightsquigarrow \mathbb{N}$ に対して，述語 $[\psi(\vec{x}, y) \simeq 0] \wedge \forall y' < y\, [\psi(\vec{x}, y')\downarrow]$ の最小解関数[*16]

$$\mu y\,[[\psi(\vec{x}, y) \simeq 0] \wedge \forall y' < y\, [\psi(\vec{x}, y')\downarrow]] : \mathbb{N}^n \rightsquigarrow \mathbb{N}$$

を部分関数 ψ の**最小解関数**とよぶ．また，部分関数にその最小解関数を対応させる演算を部分関数に対する **μ 演算**という[*17]．

補題 3.4.6. 再帰的関数の最小解関数は再帰的関数である．

証明 再帰的関数の全体 $\mathcal{R}$ と while プログラムで計算される関数の全体 $\mathcal{W}$ は等しい（系 3.3.4 と 1.3.3）から，while プログラムを使って証明する．

$\psi : \mathbb{N}^{n+1} \rightsquigarrow \mathbb{N}$ が while プログラム

$$\text{input}(\vec{x}, y);\ \ \underline{z :\simeq \psi(\vec{x}, y)};\ \ \text{output}(z)$$

で計算されるとき，その本体を使って次の while プログラムを構成する．

$$\text{input}(\vec{x});\ \ y := 0;\ \ \underline{z :\simeq \psi(\vec{x}, y)};$$
$$\text{while } z \neq 0\ \ \text{do } [y := y + 1;\ \ \underline{z :\simeq \psi(\vec{x}, y)}];$$
$$\text{output}(y)$$

このプログラムの基本的な考え方は定理 3.3.3 で示した原始再帰的関数の最小解関数を計算するプログラムと同様だが，今回の場合は ψ が必ずしも全域関数

[*16] 述語に対する μ 演算の定義 2.6.3 より，この関数は $\vec{x}$ に対して $[\psi(\vec{x}, y) \simeq 0] \wedge \forall y' \leq y\,[\psi(\vec{x}, y')\downarrow]$ を満たす y があるとき，かつそのときに限り，そのような y の最小値を $\vec{x}$ に対応させる部分関数である．なお，この定義の妥当性については注意 3.4.8 を見よ．

[*17] 特に ψ が全域関数のとき，述語 $[\psi(\vec{x}, y) = 0] \wedge \forall y' < y\,[\psi(\vec{x}, y')\downarrow]$ の後半部分は自明に成り立つため，その場合この述語は「$\psi(\vec{x}, y) = 0$」を意味する．よって，本定義による ψ の最小解関数は定義 2.6.3 による全域関数 ψ の最小解関数 $\mu y[\psi(\vec{x}, y) = 0]$ と等しい．つまり，本定義は定義 2.6.3 の部分関数への拡張である．そのため，部分関数に対する μ 演算を以後単に **μ 演算**とよぶ．

でないため，下線部の計算がいつまでも終わらない（したがってその後の計算や出力も行われない）可能性がある点が異なる．その点を考慮すると，このプログラムで入力 $\vec{x}$ に対して出力が存在してその値が y であるのは，入力データ $\vec{x}$ に対して y が述語 $[\psi(\vec{x},y) \simeq 0] \wedge \forall y' < y\, [\psi(\vec{x},y')\downarrow]$ を満たす最小の値のとき，かつそのときのみである．よってこのプログラムは ψ の最小解関数 $\mu y\, [[\psi(\vec{x},y) \simeq 0] \wedge \forall y' < y\, [\psi(\vec{x},y')\downarrow]] : \mathbb{N}^n \rightsquigarrow \mathbb{N}$ を計算する．□

定理 3.4.7. 再帰的関数の全体 $\mathcal{R}$ は，初等関数と合成 $\circ$ と μ 演算により生成される集合 $[\mathcal{E}; \circ, \mu]$ と等しい．

証明 これまでの結果から

$\mathcal{R} \subseteq [\mathcal{E}; \circ, \mu]$ 系 3.4.4 より
$\subseteq [\mathcal{P}; \circ, \mu]$ $[\mathcal{E}; \circ, \mu]$ の構成に関する帰納法と $\mathcal{E} \subseteq \mathcal{P}$ より
$\subseteq [\mathcal{R}; \circ, \mu]$ $[\mathcal{P}; \circ, \mu]$ の構成に関する帰納法と $\mathcal{P} \subseteq \mathcal{R}$ より
$\subseteq \mathcal{R}$ $\mathcal{R}$ が合成と μ 演算のもとで閉じていることより

が成り立つ．よって $\mathcal{R} = [\mathcal{E}; \circ, \mu] = [\mathcal{P}; \circ, \mu] = [\mathcal{R}; \circ, \mu]$ を得る[*18]．□

注意 3.4.8. 定義 3.4.5 で，部分関数 $\psi : \mathbb{N}^{n+1} \rightsquigarrow \mathbb{N}$ の最小解関数の定義を $\mu y\, [\psi(\vec{x},y) \simeq 0]$ ではなく $\mu y\, [[\psi(\vec{x},y) \simeq 0] \wedge \forall y' < y\, [\psi(\vec{x},y')\downarrow]]$ とした．その理由は，前者を採用すると再帰的関数の最小解関数が必ずしも再帰的でない（したがって前定理も成り立たない）ためである．

そのことを見るために，再帰的関数 $\theta : \mathbb{N} \rightsquigarrow \mathbb{N}$ を任意にとり，それをもとに

$$\psi_\theta(x,y) \stackrel{\text{def}}{\simeq} \begin{cases} 0 \times \theta(x) & y = 0 \text{ のとき}, \\ 0 & y > 0 \text{ のとき} \end{cases}$$

[*18] $\mathcal{R}$ と $[\mathcal{P}; \circ, \mu]$ の定義は似ているが，両者で μ 演算を適用する対象が異なる．すなわち，前者では μ 演算を原始再帰的関数に対してのみ適用するが，後者では $[\mathcal{P}; \circ, \mu]$ に属するどの関数に μ 演算を適用してもよいという違いがある．よって $\mathcal{R} = [\mathcal{P}; \circ, \mu]$ は自明ではない．

とおく．すると，関数 $\psi_\theta : \mathbb{N}^2 \rightsquigarrow \mathbb{N}$ は再帰的である[*19]が，$\mu y[\psi_\theta(\vec{x}, y) \simeq 0]$ は必ずしも再帰的でない．実際，各 x, y について

$$\theta(x){\downarrow} \text{ のとき } \psi_\theta(x, y) \simeq 0,$$

$$\theta(x){\uparrow} \text{ のとき } \begin{cases} \psi_\theta(x, y){\uparrow} & y = 0 \text{ のとき}, \\ \psi_\theta(x, y) \simeq 0 & y > 0 \text{ のとき} \end{cases}$$

であるから

$$\mu y[\psi_\theta(x, y) \simeq 0] = \begin{cases} 0 & \theta(x){\downarrow} \text{ のとき}, \\ 1 & \theta(x){\uparrow} \text{ のとき} \end{cases}$$

となる．よって，この関数は述語「$\theta(x){\downarrow}$」の特性関数であるが，この述語は関数 θ の取り方によって必ずしも再帰的でないことが次章の系 4.3.5 で示される．

　本章の議論で，N プログラムで計算される関数とこれまでよんできたものがいくつかの数学的方法で表現される再帰的関数と一致することが分かった．また，まえがきで触れたように再帰的関数の全体 $\mathcal{R}$ は過去約 80 年の計算論の歴史の中で提案された（自然数関数に対する）どの計算モデルとも等しい表現力をもち，さらにそれは現代のコンピュータの（物理的制約を廃した場合の）表現力とも等しい．そのような事情をふまえて，これまで N プログラムで計算される関数とよんできたものを以後は単に**計算可能**（computable）**な関数**とよび，そうでない自然数関数を**計算不能な関数**とよぶ．

演 習 問 題

3.1 すべての原始再帰的関数は全域関数であることを示せ．
3.2 （同時再帰法による関数定義）$g_i : \mathbb{N}^n \to \mathbb{N}$ $(i = 1, \ldots, m)$ と $g'_i : \mathbb{N}^{n+m+1} \to$

[*19] このことは後の補題 4.2.4 から明らかだが，プログラムを使って直接次のように示すこともできる．ψ_θ は N プログラム input(x, y); if y = 0 then [z :≃ θ(x)] else [ ]; z := 0; output(z) で計算されるから再帰的関数である．ただし z :≃ θ(x) は関数 θ を計算する N プログラムの本体とする．

$\mathbb{N}$ $(i=1,\ldots,m)$ が原始再帰的関数のとき,次で定義される関数 $f_i : \mathbb{N}^{n+1} \to \mathbb{N}$ $(i=1,\ldots,m)$ も原始再帰的であることを示せ.

$$\begin{cases} f_1(\vec{x},0) = g_1(\vec{x}), \\ \quad \cdots \qquad \cdots \\ f_m(\vec{x},0) = g_m(\vec{x}), \\ f_1(\vec{x},y+1) = g'_1(\vec{x},y,f_1(\vec{x},y),f_2(\vec{x},y),\ldots,f_m(\vec{x},y)), \\ \quad \cdots \qquad \cdots \\ f_m(\vec{x},y+1) = g'_m(\vec{x},y,f_1(\vec{x},y),f_2(\vec{x},y),\ldots,f_m(\vec{x},y)). \end{cases}$$

3.3(累積再帰法による関数定義) $g : \mathbb{N}^n \to \mathbb{N}$ と $g' : \mathbb{N}^{n+2} \to \mathbb{N}$ が原始再帰的関数のとき,

$$\begin{cases} f(\vec{x},0) = g(\vec{x}), \\ f(\vec{x},y+1) = g'(\vec{x},y,\langle f(\vec{x},0),f(\vec{x},1),\ldots,f(\vec{x},y)\rangle) \end{cases}$$

で定義される関数 $f : \mathbb{N}^{n+1} \to \mathbb{N}$ も原始再帰的であることを示せ.

3.4 $\mathrm{fib}(0) = 0$, $\mathrm{fib}(1) = 1$, $\mathrm{fib}(y+2) = \mathrm{fib}(y) + \mathrm{fib}(y+1)$ で定義される関数 $\mathrm{fib} : \mathbb{N} \to \mathbb{N}$ は原始再帰的であることを示せ.

第4章
万能関数と再帰定理

CHAPTER 4

　今日のコンピュータがそれ以前の計算機械と本質的に異なる点は，プログラム内蔵方式という呼び名が示すようにプログラムをデータと同様に記憶装置に記憶することに加えて，そのようにして記憶されたプログラムを解読しそれが意図する行動を（データやすでに記憶されているほかのプログラム，周辺機器などと連携しながら）的確に実行するための基本ソフトウェア[*1]が存在することである．この基本ソフトウェアの仕事のうち，人間向きのプログラミング言語で書かれたプログラムを機械向きの言語に翻訳して実行する作業をコンピュータ・サイエンスのことばでインタプリタ (interpreter) という．チューリング (Turing) は，ハードウェアとソフトウェアからなる新しいコンピュータの構想を得るとともに，その上で働くインタプリタを試作し，さらにその理論的可能性を追求した．彼以来，インタプリタが計算する関数は伝統的に「万能関数」とよばれている．

4.1　N プログラムに対する万能プログラム

　N プログラムに対する万能プログラムとは，次の性質をもつ N プログラム U をいう．

　　どんな N プログラム P とそれに対する入力データ $\vec{x}$ をプログラム U

[*1]　オペレーティングシステム (operating system, 略して OS) ともいう.

に与えても，もし P が $\vec{x}$ に対して計算結果を出して停止するなら U もそれと同じ結果を出して停止し，P が $\vec{x}$ に対して停止しないときは U も停止しない．

つまり，入出力関係だけを見る限り，プログラム P が入力データ $\vec{x}$ に対して行うのと同じ振舞いを U はすべての P と $\vec{x}$ の組に対して行う．

そのようなプログラムがなぜ重要かというと，一つにはそれこそが1940年代末に誕生しその後も年を追うごとにますます広く深く世の中に浸透しつつある現代のコンピュータ（のハードウェアと基本ソフトウェア）が行っている仕事の本質だからである．本節ではNプログラムに対する万能プログラムについてその考え方を説明し，(Ver.2 の) while プログラムによるその記述例を示す．

万能プログラムが重要なもう一つの理由は，それが存在することによって私たちが計算の世界を理解する度合いが著しく深まることである．次節以下で，万能プログラムの存在を通して得られる知見のうち，例えば計算不可能な関数や計算によって真偽が判定できない問題にはどんなものがあるか，暴走するプログラムをそれぞれ適切なメッセージを出して停止するものに変えることは可能か，漸化式で定義される関数はどんな条件のもとで計算可能か，などについて述べる．

ところで，上のようなプログラム U を作ろうとすると，各Nプログラム P を何らかの方法により1個の自然数で表し，それを U の入力データの一部として読み込まなければならない．その場合，これまでに紹介したNプログラムの三つのバージョンのうち命令体系が最も単純な Ver.0 がいちばん扱いやすいため，Ver.0 のNプログラムを自然数でコード化する方法について述べる．

Nプログラム P はそれを構成する各命令とそれに続く有向辺の行先（1.3節と同様にその両者を合わせたものをここでもNプログラムの命令とよぶ）を指定することにより定まる．よって，P をコード化するには，まずその各命令をコード化した上で，それらのコードを1列に並べてできる有限列を再度コード化すればよい．

4.1 Nプログラムに対する万能プログラム

定義 4.1.1. n 個の入力変数をもつ Ver.0 の N プログラム P が与えられたとき P のコード $\#P \in \mathbb{N}$ を次のように定める: P 中の命令を 1 列に並べたものを $A_0, A_1, \ldots, A_k$ (ただし A_0 は入力命令で A_k は出力命令) とする. また, P に現れる変数はすべて $\mathsf{x}_0, \mathsf{x}_1, \ldots, \mathsf{x}_{m-1}$ に含まれそのうち $\mathsf{x}_1, \ldots, \mathsf{x}_n$ を入力変数とする. その上で P 中の各命令 A に対してそのコード $\#A \in \mathbb{N}$ を下図のように定め, プログラム P のコードを $\#P \stackrel{\text{def}}{=} \langle \#A_0, \#A_1, \ldots, \#A_k \rangle$ により定める.

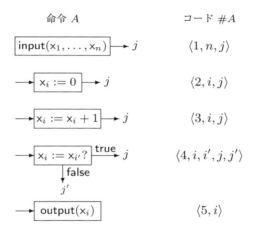

以下では, (Ver.0 の) N プログラム全体に対する万能プログラムを構成する前に, n 個の入力変数をもつ Ver.0 の N プログラム全体を N_0^n とおき, N_0^n に対する万能プログラムについて考える.

定理 4.1.2. 任意の自然数 n に対して, 次の部分関数 $\gamma_n : \mathbb{N}^{n+1} \rightsquigarrow \mathbb{N}$ は計算可能である[*2].

$$\begin{cases} \gamma_n(z, \vec{x}) \simeq \varphi_P(\vec{x}) & P \in \mathsf{N}_0^n \text{ かつ } z = \#P \text{ のとき,} \\ \gamma_n(z, \vec{x}) \uparrow & \text{上記以外のとき.} \end{cases}$$

[*2] この定理は N_0^n に対する万能プログラム U_n の存在を, それが計算する関数 γ_n のことばで述べている. なお, 記号 $\simeq$ については注意 1.3.2 を参照せよ.

証明 定理 2.5.2 で,任意の N プログラム P に対してそれと同じ関数を計算する次の形の Ver.2 の while プログラムを構成した.

$$
\begin{aligned}
R: \quad & \text{input}(\vec{x}); \\
& \text{w} := g(\vec{x}); \\
& \text{while } r(\text{w}) \text{ do } [\text{w} := f(\text{w})]; \\
& \text{y} := g'(\text{w}); \\
& \text{output}(\text{y})
\end{aligned}
$$

その考え方をもう一歩進めて,もとの P が Ver.0 の N プログラムのとき,そのコード $\#P$ を入力データ $\vec{x}$ とともに読み込み,$\#P$ を解読しながらそこに書かれた P の動作を自ら実行する次の形の (Ver.2 の) while プログラムを考える.

$$
\begin{aligned}
& \text{input}(\text{z}, \vec{x}); \\
& \text{w} := g_n(\text{z}, \vec{x}); \\
& \text{while } r(\text{z}, \text{w}) \text{ do } [\text{w} := f(\text{z}, \text{w})]; \\
& \text{y} := g'(\text{z}, \text{w}); \\
& \text{output}(\text{y})
\end{aligned}
$$

ここで,変数 z の値 z がプログラム $P(\in \mathsf{N}_0^n)$ のコード $\#P$ のとき,初等関数 $g_n(z, \vec{x})$, $f(z, w)$, $g'(z, w)$ と初等述語 $r(z, w)$ は $\#P$ を解読しながら R 中の初等関数 $g(\vec{x})$, $f(w)$, $g'(w)$ と初等述語 $r(w)$ にそれぞれ相当する働きを行う.すなわち,

- $g_n(\#P, \vec{x})$ は,P のコード $\#P$ と入力データ $\vec{x}$ をもとに,P の作業領域の初期値のコードを返す関数である.
- $r(\#P, w)$ は,$\#P$ と P の(作業領域の)状態のコード w 内に記録されたプログラムカウンタの値から,次に実行すべき P の命令が出力命令か否かを示す述語である.
- $f(\#P, w)$ は,$\#P$ と P の状態のコード w から,P で次に実行する命令によって w がどう変化するかを示す関数である.

- $g'(\#P, w)$ は，$\#P$ と P の状態のコード w から，P の出力変数の値を取り出す関数である．

ところで，こうして構成された while プログラムは，入力変数 z の値が N_0^n に属するプログラムのコードであれば確かに期待どおりの振舞いをするが，z にそれ以外の数が入力された場合，関数 γ_n は出力結果を出さないようにする必要がある．そこで，どんな $\vec{x}$ に対しても値を返さない（つまり，定義域が空集合の）部分関数 $\epsilon_n : \mathbb{N}^n \leadsto \mathbb{N}$ を計算する Ver.0 の N プログラム[*3] E_n のコードを使って初等関数 $k_n : \mathbb{N} \to \mathbb{N}$ を

$$k_n(z) = \begin{cases} z & \text{ある } P \in \mathsf{N}_0^n \text{ に対して } z = \#P \text{ のとき，} \\ \#E_n & \text{それ以外のとき} \end{cases}$$

とおき，代入文 $\mathsf{z} := k_n(\mathsf{z})$ を上のプログラムの入力命令の直後に挿入する．こうして得られるプログラムを U_n とすると，U_n は γ_n を計算する Ver.2 の while プログラムとなる（U_n 中の関数と述語の詳細は演習問題 4.1 を参照せよ）．□

前定理と系 3.3.2 より $\gamma_n : \mathbb{N}^{n+1} \leadsto \mathbb{N}$ は再帰的関数である．また，その入力変数 z の値を任意の自然数 e に固定することにより得られる関数 $\gamma_n(e, \cdot) : \mathbb{N}^n \leadsto \mathbb{N}$ もまた再帰的である．実際，ある $P \in \mathsf{N}_0^n$ に対して $e = \#P$ のとき $\gamma_n(e, \cdot) = \varphi_P$[*4] が成り立ち，それ以外のときは $\gamma_n(e, \cdot) = \varphi_{E_n} = \epsilon_n$ が成り立つ．この関数 $\gamma_n(e, \cdot)$ を以後 $\{e\}_n$ で表し，e を再帰的関数 $\{e\}_n$ の**指標** (index) とよぶ[*5]．

系 4.1.3 (n 変数の再帰的関数の枚挙定理)．各 $n \in \mathbb{N}$ に対して，$\{e\}_n$ の形の n 変数関数の全体は n 変数の再帰的関数の全体と等しい．すなわち，

[*3] 例えば input($\mathsf{x}_1, \mathsf{x}_2, \ldots, \mathsf{x}_n$); while $\mathsf{x}_1 = \mathsf{x}_1$ do [ ]; output(x_1).
[*4] すなわち $\forall \vec{x}\, [\gamma_n(e, \vec{x}) \simeq \varphi_P(\vec{x})]$.
[*5] 各再帰的関数は可算無限個の指標をもつ．実際，同じ関数を計算するプログラムのコードは，計算法の違いやプログラムの書き方の違いなどにより沢山存在するが，そのほかにプログラム中に無害な命令（例えば $x_1 := x_1$）をいくつでも挿入することができるため，その数は可算無限である．

$$\{\, \{e\}_n : \mathbb{N}^n \rightsquigarrow \mathbb{N} \mid e \in \mathbb{N} \,\} = \{\, \varphi : \mathbb{N}^n \rightsquigarrow \mathbb{N} \mid \varphi \in \mathcal{R} \,\}.$$

証明 左辺が右辺に含まれることは上述のとおりである．逆は系 3.3.4 と 3.3.5 と前定理による． □

このように，関数 $\gamma_n : \mathbb{N}^{n+1} \rightsquigarrow \mathbb{N}$ は，どんな n 変数の再帰的関数 φ についてもその指標が与えられれば φ と同じ振舞いを行うという意味で，n 変数の再帰的関数全体に対する**万能関数**（universal function）とよばれ，それを計算するプログラムは**万能プログラム**（universal program）とよばれる．

前定理では各 n について N_0^n に対する万能プログラム U_n を構成したが，U_n の入力変数 $z, \vec{x}$ のうち z が N プログラムのコードを受け取るように，入力データ $\vec{x}$ についてもそのコード $\langle \vec{x} \rangle$ を受け取ることにすると，次に示すように Ver.0 の N プログラム全体（すなわち，$\bigcup_{n \geq 0} \mathsf{N}_0^n$）に対する万能プログラムを前定理と同様に作ることができる．

定理 4.1.4. 次の部分関数 $\gamma : \mathbb{N}^2 \rightsquigarrow \mathbb{N}$ は計算可能である[*6)]．

$$\begin{cases} \gamma(z, x) \simeq \varphi_P(\vec{x}) & z = \#P,\ P \in \mathsf{N}_0^n,\ x = \langle \vec{x} \rangle,\ \vec{x} \in \mathbb{N}^n \\ & \text{を満たす } n \in \mathbb{N} \text{ があるとき}, \\ \gamma(z, x)\uparrow & \text{上記以外のとき}. \end{cases}$$

証明 γ は，前定理の while プログラム U_n 中の関数 k_n と g_n を n に依存しない関数 k と g にそれぞれ変更した次の while プログラム U で計算できる．

$$\begin{aligned}
U : \quad & \text{input}(\mathsf{z}, \mathsf{x}); \\
& \mathsf{z} := k(\mathsf{z}, \mathsf{x}); \\
& \mathsf{w} := g(\mathsf{z}, \mathsf{x}); \\
& \text{while } r(\mathsf{z}, \mathsf{w}) \text{ do } [\mathsf{w} := f(\mathsf{z}, \mathsf{w})]; \\
& \mathsf{y} := g'(\mathsf{z}, \mathsf{w}); \\
& \text{output}(\mathsf{y})
\end{aligned}$$

[*6)] この関数 γ は，γ_n の場合と同様の意味で，すべての再帰的関数に対する万能関数である．

ただし，$k(z,x)$ は

$$k(z,x) = \begin{cases} z & z = \#P,\ x = \langle \vec{x} \rangle \text{ を満たす } P \in \mathsf{N}_0^n, \\ & \vec{x} \in \mathbb{N}^n,\ n \in \mathbb{N} \text{ があるとき,} \\ \#E_0 & \text{それ以外のとき} \end{cases}$$

を満たす初等関数であり，$g(z,x)$ は z と x の情報に基づき w の初期値を与える初等関数である（詳しくは演習問題 4.2 を参照せよ）．　□

4.2　計算不可能な関数と決定不能な問題

本節と次節で，計算できることとできないことについて具体例を中心に話を進める．

定理 4.2.1. 次の全域関数 $g:\mathbb{N}^2 \to \mathbb{N}$ は計算可能ではない．

$$g(z,x) \stackrel{\text{def}}{=} \begin{cases} \gamma_1(z,x) & \gamma_1(z,x)\downarrow \text{のとき,} \\ 0 & \gamma_1(z,x)\uparrow \text{のとき}^{*7)}. \end{cases}$$

証明　関数 g が計算可能だと仮定して矛盾を導く．そのために g をもとに $g'(x) \stackrel{\text{def}}{=} g(x,x)+1$ とおく．ここで g は仮定より再帰的関数であるから g' も再帰的だが，各 $e \in \mathbb{N}$ について $\{e\}_1(e) \not\simeq g'(e)$（∵ $\{e\}_1(e)\downarrow$ のとき，$\{e\}_1(e) \simeq \gamma_1(e,e) = g(e,e) \neq g'(e)$．$\{e\}_1(e)\uparrow$ のとき，$g'(e)\downarrow$ より明らか）．ゆえに各 e について $\{e\}_1 \neq g'$．しかしこれは系 4.1.3 に反する[*8)]．　□

次に，計算では真偽が判定できない述語（決定不能な問題ともいう）の例を示

[*7)] この定理は，γ_1 の計算が暴走するとき代わりにエラーメッセージとして 0 を出して止まるように変更した関数 g は計算可能でないことを示す．ただし，この場合 $\gamma_1(z,x)$ の計算結果としての 0 とエラーメッセージとしての 0 の見分けがつかない．その点に関して演習問題 4.5 を参照せよ．

[*8)] ここで，g が全域関数であることが肝心である．なぜなら，もし $g(e,e)$ の値が定義されていなければ $g(e,e)+1$ の値も定義されず，矛盾は生じない．なお，この証明は全域関数 g が γ_1 のどんな拡大であっても常に成り立つ（$\gamma_1(z,x)\uparrow$ のとき $g(z,x)$ の値は任意の自然数でよい）．

すが，その前に初等述語の概念を次のように拡張しその基本的性質を確認する.

定義 4.2.2. 述語 $p : \mathbb{N}^n \to \{\text{true}, \text{false}\}$ の特性関数 $c_p : \mathbb{N}^n \to \mathbb{N}$ が再帰的関数のとき，p を**再帰的**（recursive）または**決定可能**（decidable）な述語といい，そうでないとき**決定不能**（undecidable）な述語という.

補題 4.2.3.

1) $p(\vec{x})$ と $q(\vec{x})$ が再帰的述語のとき，$\neg p(\vec{x})$, $p(\vec{x}) \lor q(\vec{x})$, $p(\vec{x}) \land q(\vec{x})$, $p(\vec{x}) \to q(\vec{x})$, $p(\vec{x}) \leftrightarrow q(\vec{x})$ も再帰的述語である.
2) 述語 $p(y_1, y_2, \ldots, y_n)$ が再帰的述語で，$f_1(\vec{x}), f_2(\vec{x}), \ldots, f_n(\vec{x})$ が再帰的全域関数のとき，$p(f_1(\vec{x}), f_2(\vec{x}), \ldots, f_n(\vec{x}))$ は再帰的述語である.

証明 初等述語の場合（補題 2.2.7）と同様である. □

補題 4.2.4（場合分けによる再帰的関数の定義）**.** m は 2 以上の自然数で，$\psi_1, \psi_2, \ldots, \psi_m : \mathbb{N}^n \rightsquigarrow \mathbb{N}$ は再帰的関数，$p_1, p_2, \ldots, p_m$ は n 変数の再帰的述語で，ただし各 $\vec{x} \in \mathbb{N}^n$ に対して $p_1(\vec{x}), p_2(\vec{x}), \ldots, p_m(\vec{x})$ のうちただ一つが true で残りは false だとする．このとき

$$\psi(\vec{x}) \stackrel{\text{def}}{\simeq} \begin{cases} \psi_1(\vec{x}) & p_1(\vec{x}) \text{ のとき}, \\ \psi_2(\vec{x}) & p_2(\vec{x}) \text{ のとき}, \\ \cdots & \cdots \\ \psi_m(\vec{x}) & p_m(\vec{x}) \text{ のとき} \end{cases}$$

で定義される[*9)]関数 $\psi : \mathbb{N}^n \rightsquigarrow \mathbb{N}$ は再帰的関数である.

証明 再帰的関数 ψ_i の指標を e_i とするとき，全域関数 $f : \mathbb{N}^n \to \mathbb{N}$ を $f(\vec{x}) \stackrel{\text{def}}{=} \sum_{i=1}^{m}(e_i \times (1 \dot{-} c_{p_i}(\vec{x})))$ で定める．すると，$p_i(\vec{x}) = \text{true}$ のとき $f(\vec{x}) = e_i$ であるから $\psi(\vec{x}) \simeq \gamma_n(f(\vec{x}), \vec{x})$ が成り立つ．さらに，仮定より

[*9)] この定義は次のことを意味する：各 i について，$p_i(\vec{x})$ が true のとき $\psi_i(\vec{x})$ の値が定義されていればその値を $\psi(\vec{x})$ の値とし，$\psi_i(\vec{x})$ の値が定義されていなければ $\psi(\vec{x})$ の値も定義されない.

各 c_{p_i} は再帰的関数であるから f も再帰的関数である．よって，ψ も再帰的関数である[*10]． □

定理 4.2.5（1 入力のプログラムの停止問題）． 次の述語は決定不能である．
$$\mathrm{halt}_1(z,x) \stackrel{\mathrm{def}}{=} \begin{cases} \mathrm{true} & \gamma_1(z,x)\downarrow \text{ のとき,} \\ \mathrm{false} & \gamma_1(z,x)\uparrow \text{ のとき.} \end{cases}$$

証明 背理法による．もし $\mathrm{halt}_1(z,x)$ が決定可能なら，補題 4.2.3 より $\neg\mathrm{halt}_1(z,x)$ も決定可能であり，したがって次の関数
$$g(z,x) \stackrel{\mathrm{def}}{\simeq} \begin{cases} \gamma_1(z,x) & \mathrm{halt}_1(z,x) \text{ のとき,} \\ 0 & \neg\mathrm{halt}_1(z,x) \text{ のとき} \end{cases}$$
は前補題より再帰的な全域関数である．しかしそれは定理 4.2.1 に反する． □

次に，計算可能性や決定可能性についてより深く理解するため，決定可能性よりやや広い概念を導入し，その視点から再帰的関数/述語の性質を調べる．

前定理より，述語 $\mathrm{halt}_1(z,x)$ の真偽を $0,1$ で表す特性関数 $c_{\mathrm{halt}_1}(z,x)$ は再帰的でないが，$\mathrm{halt}_1(z,x)$ の真偽を**関数値の有無で表す**再帰的関数は存在する．例えば，万能関数 $\gamma_1 : \mathbb{N}^2 \leadsto \mathbb{N}$ や関数 $\psi(z,x) \stackrel{\mathrm{def}}{\simeq} \gamma_1(z,x) \times 0$ はそのような再帰的関数の例である．

定義 4.2.6. n 変数の述語 p に対してある再帰的関数 $\psi : \mathbb{N}^n \leadsto \mathbb{N}$ が存在して $p(\vec{x}) \leftrightarrow \psi(\vec{x})\downarrow$ が成り立つとき p を**準決定可能**（semi-decidable）な述語という[*11]．

[*10] 各 ψ_i が全域関数なら補題 2.2.6 と同様に $\psi(\vec{x}) = \sum_{i=1}^{k}(\psi_i(\vec{x}) \times (1 \dot{-} c_{p_i}(\vec{x})))$ が成り立つ．しかし全域関数でない ψ_i があるときこの等式は必ずしも成り立たない．

[*11] 一般に，n 変数の述語 p と集合 $S\,(\subseteq \mathbb{N}^n)$ のあいだに $\forall \vec{x}\,[p(\vec{x}) \leftrightarrow \vec{x} \in S]$ の関係があるとき，S を述語 p の集合表現，p を集合 S の述語表現という．この言葉を使うと，p が準決定可能であるとは，p の集合表現が「ある再帰的関数 $\psi : \mathbb{N}^n \leadsto \mathbb{N}$ の定義域 $\mathrm{dom}(\psi)$」であることを意味する．

例 4.2.7. 述語 halt_1 は準決定可能である.

補題 4.2.8. 決定可能な述語は準決定可能である.

証明 p が決定可能（すなわち再帰的）な述語のとき，関数
$$\psi(\vec{x}) \stackrel{\text{def}}{\simeq} \begin{cases} 0 & p(\vec{x}) \text{ のとき,} \\ \epsilon_n(\vec{x}) & \neg p(\vec{x}) \text{ のとき}^{*12)} \end{cases}$$
は補題 4.2.4 より再帰的でかつ $p(\vec{x}) \leftrightarrow \psi(\vec{x}){\downarrow}$ を満たすことによる. □

定理 4.2.9. 任意の述語 p について次の三つの条件は同値である.
 1) p は準決定可能である.
 2) ある初等述語 q に対して $\forall \vec{x}[p(\vec{x}) \leftrightarrow \exists v[q(\vec{x},v)]]$ が成り立つ.
 3) ある再帰的述語 q に対して $\forall \vec{x}[p(\vec{x}) \leftrightarrow \exists v[q(\vec{x},v)]]$ が成り立つ[*13)].

証明 1) ⇒ 2): 仮定より $p(\vec{x}) \leftrightarrow \varphi(\vec{x}){\downarrow}$ を満たす再帰的関数 φ がある．この φ に対して定理 3.4.3 より $\varphi(\vec{x}) \simeq h(\mu v[q(\vec{x},v)])$ を満たす初等述語 q と初等関数 h があり，したがって $\varphi(\vec{x}){\downarrow} \leftrightarrow \exists v[q(\vec{x},v)]$ が成り立つ．よって $p(\vec{x}) \leftrightarrow \exists v[q(\vec{x},v)]$ を得る．

2) ⇒ 3): $\mathcal{E} \subseteq \mathcal{R}$ より明らか．

3) ⇒ 1): p に対して 3) を満たす述語 q をもとに $\psi(\vec{x}) \stackrel{\text{def}}{\simeq} \mu v[q(\vec{x},v)]$ とおくと，ψ は再帰的関数でかつ $\psi(\vec{x}){\downarrow} \leftrightarrow \exists v[q(\vec{x},v)] \leftrightarrow p(\vec{x})$ を満たすから p は準決定可能である．□

定理 4.2.10. 任意の述語 p について次の条件は同値である.
 1) p は決定可能である.
 2) p とその否定 $\neg p$ はともに準決定可能である.

[*12)] $\epsilon_n : \mathbb{N}^n \rightharpoonup \mathbb{N}$ は定義域が空集合の再帰的関数を表す．

[*13)] 述語の集合 X が，初等述語の全体を含み再帰的述語の全体に含まれるとき，条件 2) の「初等述語」を「X に属する述語」に置き換えたものを 2′) とすると，(明らかに 2) ⇒ 2′) ⇒ 3) が成り立つから) 条件 2′) は本定理の三つの条件と同値である．実際にそのような性質をもつ X の例として，原始再帰的述語（すなわち，特性関数が原始再帰的関数である述語）の全体がある．

証明 1) ⇒ 2): p が決定可能なとき,$\neg p$ も決定可能である(補題 4.2.3)から,補題 4.2.8 より p と $\neg p$ はともに準決定可能である.

2) ⇒ 1): 条件 2) と前定理より,$\forall \vec{x}[p(\vec{x}) \leftrightarrow \exists v[q(\vec{x},v)]]$ を満たす初等述語 q と,$\forall \vec{x}[\neg p(\vec{x}) \leftrightarrow \exists v[q'(\vec{x},v)]]$ を満たす初等述語 q' がある.このとき各 $\vec{x}$ について $\exists v[q(\vec{x},v)]$ か $\exists v[q'(\vec{x},v)]$ のいずれか一方だけが成り立つことに注意し,次の(Ver.2 の)while プログラムを構成する.

P :　input($\vec{x}$); v := 0; y := 2;
　　　while y = 2 do [if $q(\vec{x},\mathsf{v})$ then [y := 0] else
　　　　　　　　　　　　　[if $q'(\vec{x},\mathsf{v})$ then [y := 1] else [v := v + 1]]];
　　　output(y)

P は入力データ $\vec{x}$ に対して $q(\vec{x},v) \vee q'(\vec{x},v)$ を満たす最小の v が $q(\vec{x},v)$ を満たせば 0 を,$q'(\vec{x},v)$ を満たせば 1 を出力する(つまり,述語 p の特性関数を計算する)プログラムである.よって述語 p は決定可能である. □

系 4.2.11. 述語 $\neg\mathrm{halt}_1$ は決定可能でも準決定可能でもない.

証明 述語 halt_1 は準決定可能だが決定可能でない(例 4.2.7,定理 4.2.5)から,もし $\neg\mathrm{halt}_1$ が準決定可能なら前定理に反する.ゆえに $\neg\mathrm{halt}_1$ は準決定可能でない.さらに,このことと補題 4.2.8 より $\neg\mathrm{halt}_1$ は決定可能でもない. □

系 4.2.12. 初等述語の全体は,存在記号のもとでも全称記号のもとでも閉じていない.再帰的述語についても同様である.

証明 定理 3.4.3 より万能関数 γ_1 に対して次を満たす初等述語 p がある.

$$\begin{cases} \mathrm{halt}_1(z,x) & \leftrightarrow \quad \gamma_1(z,x)\!\downarrow \quad \leftrightarrow \quad \exists v[p(z,x,v)], \\ \neg\mathrm{halt}_1(z,x) & \leftrightarrow \quad \neg\exists v[p(z,x,v)] \quad \leftrightarrow \quad \forall v[\neg p(z,x,v)]^{*14)}. \end{cases}$$

[*14)] 一般に述語 $p(\vec{u},v)$ で $\vec{u}$ の値を固定して v の値を動かしたとき,「$p(\vec{u},v)$ を満たす v が存在しない」ことは「各 v について $\neg p(\vec{u},v)$ が成り立つ」ことと同値である.この性質は量化記号($\exists$ と $\forall$)に関するド・モルガン(de Morgan)の法則とよばれる.

ここで，述語 p と $\neg p$ はともに初等的（補題 2.2.7），したがって再帰的でもあるが，述語 halt_1 と $\neg\text{halt}_1$ はどちらも再帰的でなく（定理 4.2.5, 系 4.2.11），したがって初等的でもない．ゆえに，初等述語の全体と再帰的述語の全体はともに存在記号のもとでも全称記号のもとでも閉じていない． □

本節の最後に，これまでの結果と次の補題から導かれる再帰的関数と準決定可能述語のあいだの顕著な関係を二つ紹介する．

補題 4.2.13. $p(\vec{x}, u, v)$ が初等述語で (G_0, G_1) がコード関数 $G : \mathbb{N}^2 \to \mathbb{N}$ のデコード関数のとき次が成り立つ．

$$\exists u \exists v [p(\vec{x}, u, v)] \quad \leftrightarrow \quad \exists w [p(\vec{x}, G_0(w), G_1(w))].$$

証明 まず左辺を仮定し，$p(\vec{x}, u, v)$ を満たす u と v をとり $w \stackrel{\text{def}}{=} G(u, v)$ とおく．すると，$u = G_0(w)$, $v = G_1(w)$ より右辺が導かれる．次に右辺を仮定し，$p(\vec{x}, G_0(w), G_1(w))$ を満たす w をとると，$u \stackrel{\text{def}}{=} G_0(w)$ と $v \stackrel{\text{def}}{=} G_1(w)$ は $p(\vec{x}, u, v)$ を満たすから左辺が成り立つ． □

定理 4.2.14. 任意の $\varphi : \mathbb{N}^n \rightsquigarrow \mathbb{N}$ について次の条件は同値である．
1) φ は再帰的関数である．
2) φ のグラフ[*15]の述語表現，すなわち

$$\text{graph}_\varphi(\vec{x}, y) \stackrel{\text{def}}{=} \begin{cases} \text{true} & \varphi(\vec{x}) \simeq y \text{ のとき}, \\ \text{false} & \text{それ以外のとき} \end{cases}$$

は準決定可能である．

証明 1) ⇒ 2): 条件 1) と定理 3.4.3 より，ある初等関数 h と初等述語 p が存在して $\varphi(\vec{x}) \simeq h(\mu v[p(\vec{x}, v)])$ が成り立つから，graph_φ は次式を満たす．

[*15] 集合 $\Gamma_\varphi = \{(\vec{x}, y) \in \mathbb{N}^{n+1} \mid \varphi(\vec{x}) \simeq y\}$ を関数 $\varphi : \mathbb{N}^n \rightsquigarrow \mathbb{N}$ のグラフという．

$$\text{graph}_\varphi(\vec{x}, y) \quad \leftrightarrow \quad \varphi(\vec{x}) \simeq y$$
$$\leftrightarrow \quad \exists v[p(\vec{x}, v) \wedge \forall u < v[\neg p(\vec{x}, u)] \wedge [y = h(v)]].$$

しかも，上式の右辺で $\exists v$ に続く括弧内の述語は初等述語であるから，graph_φ は定理 4.2.9 より準決定可能述語である．

2) $\Rightarrow$ 1): 条件 2) と定理 4.2.9 より次式を満たす初等述語 $q(\vec{x}, y, v)$ がある．

$$\text{graph}_\varphi(\vec{x}, y) \quad \leftrightarrow \quad \exists v[q(\vec{x}, y, v)]. \tag{4.1}$$

このとき，コード関数 $G : \mathbb{N}^2 \to \mathbb{N}$ のデコード関数 (G_0, G_1) に対して

$$\begin{aligned}\varphi(\vec{x}){\downarrow} \quad &\leftrightarrow \quad \exists y\,[\text{graph}_\varphi(\vec{x}, y)] \\ &\leftrightarrow \quad \exists y\, \exists v\,[q(\vec{x}, y, v)] \qquad (4.1) \text{ より} \\ &\leftrightarrow \quad \exists w\,[q(\vec{x}, G_0(w), G_1(w))] \qquad \text{前補題より}\end{aligned}$$

が成り立つことに注意し，φ と同じ定義域をもつ関数 φ' を新たに

$$\varphi'(\vec{x}) \stackrel{\text{def}}{\simeq} \mu w\,[q(\vec{x}, G_0(w), G_1(w))]$$

により定める．ここで，$q(\vec{x}, G_0(w), G_1(w))$ は初等述語であるから φ' は再帰的関数である．また，$\varphi'(\vec{x}){\downarrow}$（つまり，$\varphi(\vec{x}){\downarrow}$）のとき，$\mu$ 演算の性質から $q(\vec{x}, G_0(\varphi'(\vec{x})), G_1(\varphi'(\vec{x})))$ が成り立ち，ゆえに $\exists v[q(\vec{x}, G_0(\varphi'(\vec{x})), v)]$．よってこのとき式 (4.1) より $\text{graph}_\varphi(\vec{x}, G_0(\varphi'(\vec{x})))$，つまり $\varphi(\vec{x}) \simeq G_0(\varphi'(\vec{x}))$ が成り立つ[*16]．一方，$\varphi'(\vec{x}){\uparrow}$ のときは $\varphi(\vec{x}){\uparrow}$ より $\varphi(\vec{x}) \simeq G_0(\varphi'(\vec{x}))$．よって $\forall \vec{x}[\varphi(\vec{x}) \simeq G_0(\varphi'(\vec{x}))]$，つまり φ と $G_0 \circ \varphi'$ は関数として等しい．ここで φ' と G_0 は再帰的であるから φ も再帰的関数である． □

定理 4.2.15. 1 変数の述語 p の集合表現を $S = \{\,x \in \mathbb{N} \mid p(x)\,\}$ とする．このとき次の条件は同値である．

1) p は準決定可能である．

[*16] なぜなら，関数の性質として φ が $\vec{x}$ に対応させる値はただ一つだからである．

2) S はある初等関数 $f : \mathbb{N} \to \mathbb{N}$ の値域 $f(\mathbb{N})$ かまたは空集合である．

3) S はある再帰的関数 $\varphi : \mathbb{N} \rightsquigarrow \mathbb{N}$ の値域 $\{\varphi(x) \mid \varphi(x) \downarrow\}$ である*17)．

証明 1) $\Rightarrow$ 2): p が準決定可能なとき，定理 4.2.9 より $p(x) \leftrightarrow \exists v\,[q(x,v)]$ を満たす初等述語 q がある．$S \neq \emptyset$ のとき，S の任意の元 a をとり，各 $y \in \mathbb{N}$ に対して

$$f(y) \stackrel{\mathrm{def}}{=} \begin{cases} \mathrm{left}(y) & q(\mathrm{left}(y), \mathrm{right}(y))\ \text{のとき,} \\ a & \text{上記以外のとき} \end{cases}$$

とおく．ただし，$(\mathrm{left}, \mathrm{right})$ はコード関数 $\mathrm{pair} : \mathbb{N}^2 \stackrel{\mathrm{onto}}{\longrightarrow} \mathbb{N}$ のデコード関数である（演習問題 2.9 を参照）．

この関数 f は補題 2.2.6 より初等関数で，かつ $S = f(\mathbb{N})$ を満たす．実際，y が $q(\mathrm{left}(y), \mathrm{right}(y))$ を満たすとき，$f(y) = \mathrm{left}(y)$ かつ $\exists v\,[q(\mathrm{left}(y), v)]$ より $p(\mathrm{left}(y))$ が成り立つから，このとき $f(y) = \mathrm{left}(y) \in S$．一方，$y$ が $q(\mathrm{left}(y), \mathrm{right}(y))$ を満たさないとき，$f(y) = a \in S$．ゆえに，$f(\mathbb{N}) \subseteq S$．

逆に，$x \in S$ つまり $p(x)$ が成り立つとき，$\exists v\,[q(x,v)]$ より $q(x,v)$ を満たす v をとり $y = \mathrm{pair}(x,v)$ とおくと，$x = \mathrm{left}(y)$，$v = \mathrm{right}(y)$，$q(\mathrm{left}(y), \mathrm{right}(y))$ より $x = \mathrm{left}(y) = f(y) \in f(\mathbb{N})$．ゆえに $S \subseteq f(\mathbb{N})$．

2) $\Rightarrow$ 3): 初等関数は再帰的関数であることと，再帰的関数 $\epsilon_1 : \mathbb{N} \rightsquigarrow \mathbb{N}$ の値域は空集合であることから明らか．

3) $\Rightarrow$ 1): 条件 3) より $p(y) \leftrightarrow y \in S \leftrightarrow \exists x[\mathrm{graph}_\varphi(x,y)]$ を満たす再帰的関数 φ がある．ここで $\mathrm{graph}_\varphi(x,y)$ は前定理より準決定可能述語であり，したがって補題 4.2.13 より $p(y)$ も準決定可能述語である． □

---

*17) この性質のため，準決定可能な述語の集合表現は**再帰的枚挙可能**（recursively enumerable）な集合とよばれる．なお，この定理についても定理 4.2.9 の脚注と同様に例えば次のことが成り立つ: 2) の「初等関数」を「原始再帰的関数」で置き換えたものを条件 2′) とすると，2′) は本定理の三つの条件と同値である．

4.3 再帰定理とその応用

再帰定理は，再帰的関数に対するある種の関数方程式の解の存在を保証する定理である．本節では，まず再帰定理を紹介し，次いでその応用として，多くの述語の決定不能性をまとめて示すライス（Rice）の定理を示す．

はじめに，再帰定理を証明するための準備としてある簡単なプログラム変換[*18]に関する補題を示す．

$n+m$ 個の入力変数をもつ Ver.0 の N プログラム P に対して，そのうちの m 個の変数の値をあらかじめ固定することにより得られる n 入力の Ver.0 の N プログラムを P' とする．そのときこの補題は，P のコード e とあらかじめ固定する m 個のデータの組 $\vec{b}$ に対して P' のコード e' を返す初等関数 $s_{m,n} : (e, \vec{b}) \mapsto e'$ があることを主張する．

補題 4.3.1（パラメータ定理）．各自然数 m, n に対して次の性質をもつ初等関数 $s_{m,n} : \mathbb{N}^{m+1} \to \mathbb{N}$ がある：任意の $e \in \mathbb{N}, \vec{a} \in \mathbb{N}^n, \vec{b} \in \mathbb{N}^m$ に対して

$$\gamma_{n+m}(e, \vec{a}, \vec{b}) \simeq \gamma_n(s_{m,n}(e, \vec{b}), \vec{a}).$$

証明 $n+m$ 入力の Ver.0 の N プログラム

$$P : \quad \text{input}(\vec{x}, \vec{y}); \ \underline{z :\simeq \varphi_P(\vec{x}, \vec{y})}; \ \text{output}(z)$$

のコードを e とする．この P の入力変数のうち $\vec{y} = (y_1, \ldots, y_m)$ の値をあらかじめ $\vec{b} = (b_1, \ldots, b_m)$ に固定した N プログラム P' は，P の入力命令 $\text{input}(\vec{x}, \vec{y})$ を $\text{input}(\vec{x}); \ \underline{y_1 := b_1}; \ \underline{y_2 := b_2}; \ldots; \ \underline{y_m := b_m}$ に置き換えることにより得られる[*19]．このとき，P のコードと固定する入力データの組 $(e, \vec{b})$ に対して P' のコードを対応させる初等関数 $s_{m,n}$ を 2.4 節で導入した初等関数と初等述語の

[*18] プログラムをほかのプログラムに変換することをこのようにいう．
[*19] ただし $\underline{y := b}$ は Ver.0 の命令の列 $y := 0; \ \underbrace{y := y+1; \ y := y+1; \ldots; y := y+1}_{b}$ を表す．

記法を用いて表すことができる（演習問題 4.7）．よって補題が成り立つ．□

定理 4.3.2（再帰定理）．任意の自然数 n と再帰的関数 $\psi : \mathbb{N}^{n+1} \rightsquigarrow \mathbb{N}$ に対して，ある自然数 e が存在して $\forall \vec{x}\,[\,\{e\}_n(\vec{x}) \simeq \psi(e, \vec{x})\,]$ が成り立つ．

証明 仮定と前補題より $\psi(s_{1,n}(y,y), \vec{x})$ は（$\vec{x}$ と y に関する）再帰的関数である．その指標の一つを c とすると，各 $\vec{x}, y$ について

$$\psi(s_{1,n}(y,y), \vec{x}) \simeq \{c\}_{n+1}(\vec{x}, y) \qquad c \text{ の取り方より}$$
$$\simeq \{s_{1,n}(c,y)\}_n(\vec{x}) \qquad \text{前補題より}$$

が成り立つ．よって特に $y = c$ のとき，$\psi(s_{1,n}(c,c), \vec{x}) \simeq \{s_{1,n}(c,c)\}_n(\vec{x})$ であるから，$e = s_{1,n}(c,c)$ とおけばよい．□

系 4.3.3（不動点定理）．任意の自然数 n と再帰的な全域関数 $f : \mathbb{N} \to \mathbb{N}$ に対して，ある自然数 e が存在して $\{e\}_n = \{f(e)\}_n$ が成り立つ[*20]．

証明 前定理で $\psi(z, \vec{x}) \stackrel{\text{def}}{\simeq} \gamma_n(f(z), \vec{x}) \simeq \{f(z)\}_n(\vec{x})$ とおけばよい．□

次に，この不動点定理を使って示される決定不能問題についての強力な定理とその応用例を示す．

定理 4.3.4（ライスの定理）．1 変数の述語 p と自然数 n が次の 2 条件を満たすとき，p は決定不能である[*21]．

1) $\forall z \,\forall z'\,[\,\{z\}_n = \{z'\}_n \;\to\; p(z) = p(z')\,]$．
2) $\exists z \,\exists z'\,[\,p(z) \neq p(z')\,]$．

[*20] e と e' が同じ n 変数の再帰的関数の指標であることを $e \equiv e'$ で表す．そのとき，任意の再帰的関数 $f : \mathbb{N} \to \mathbb{N}$ に対して $e \equiv f(e)$ を満たす e（つまり，$\equiv$ に関する f の不動点）があることをこの命題は意味する．

[*21] 条件 1) は，「同一の再帰的関数の異なる指標 z, z' に対する p の値は等しい」ことを意味し，条件 2) は「p は恒真でも恒偽でもない（つまり，p は自明でない）」ことを意味する．よってこの定理は，「再帰的関数の指標 z を受け取り，その再帰的関数 $\{z\}_n$ についての自明でない性質を問う問題は一般に決定不能である」ことを意味する．

証明 条件 2) より $p(e) = \mathsf{true}$, $p(e') = \mathsf{false}$ を満たす $e, e' \in \mathbb{N}$ があるから，それらを使って 1 変数の全域関数 $f : \mathbb{N} \to \mathbb{N}$ を

$$f(z) \stackrel{\text{def}}{=} \begin{cases} e' & p(z) = \mathsf{true} \text{ のとき}, \\ e & p(z) = \mathsf{false} \text{ のとき} \end{cases}$$

により定める．すると，明らかにすべての z について $p(z) \neq p(f(z))$ が成り立つ．ところで，もし述語 p が再帰的なら，この全域関数 f は補題 4.2.4 より再帰的であり，したがって不動点定理より $\{e\}_n = \{f(e)\}_n$ を満たす自然数 e がある．すると，条件 1) より $p(e) = p(f(e))$ のはずだが，それは上で見た f の性質と矛盾する．よって p は再帰的述語ではない． □

系 4.3.5. 各自然数 n に対して以下の述語は決定不能である．

1) $\mathrm{halt}_n(z, \vec{x}) \stackrel{\text{def}}{\iff} \{z\}_n(\vec{x}) \downarrow$.
   (関数 $\{z\}_n$ の入力 $\vec{x}$ に対する計算は停止して答を出す．)
2) $\mathrm{total}_n(z) \stackrel{\text{def}}{\iff} \forall \vec{x} \in \mathbb{N}^n \, [\{z\}_n(\vec{x}) \downarrow]$.
   ($\{z\}_n$ は全域関数である．)
3) $\mathrm{const}_n(z) \stackrel{\text{def}}{\iff} \exists y \in \mathbb{N} \, \forall \vec{x} \in \mathbb{N}^n \, [\{z\}_n(\vec{x}) \simeq y]$.
   ($\{z\}_n$ は定数関数である．)
4) $\mathrm{undef}_n(z) \stackrel{\text{def}}{\iff} \forall \vec{x} \in \mathbb{N}^n \, [\{z\}_n(\vec{x}) \uparrow]$.
   ($\{z\}_n$ の定義域は空集合である．すなわち，$\{z\}_n \simeq \epsilon_n$．)
5) $\mathrm{eq}_n(z, z') \stackrel{\text{def}}{\iff} \forall \vec{x} \in \mathbb{N}^n \, [\{z\}_n(\vec{x}) \simeq \{z'\}_n(\vec{x})]$.
   ($\{z\}_n$ と $\{z'\}_n$ は関数として等しい．)
6) $\mathcal{E}_n(z) \stackrel{\text{def}}{\iff} \{z\}_n \in \mathcal{E}$.
   ($\{z\}_n$ は初等関数である．)
7) $\mathcal{P}_n(z) \stackrel{\text{def}}{\iff} \{z\}_n \in \mathcal{P}$.
   ($\{z\}_n$ は原始再帰的関数である．)

証明 1) と 5) 以外は前定理より明らかである．1) については，もし $\mathrm{halt}_n(z, \vec{x})$ が決定可能なら例えば $\mathrm{halt}_n(z, \vec{0})$ も明らかに決定可能である．ただし，$\vec{0}$ は 0

を n 個並べた列を表す．しかるに，述語 $\mathrm{halt}_n(z, \vec{0})$ はライスの定理の2条件を満たすから決定不能である．よって $\mathrm{halt}_n(z, \vec{x})$ も決定不能である．

5) も 1) と同様にその特殊な場合が決定不能であることを示せばよい．そのために，定義域が空集合である関数 ϵ_n の指標（例えば 0）を z' に代入して得られる述語 $\mathrm{eq}_n(z, 0)$ を考えると，これは 4) と同値である．ゆえに 5) も決定不能である．□

以上，計算に関する決定不能な問題ばかりを紹介したが，決定不能な問題はもちろん計算に関するものばかりではない．しかし，ほかの分野における決定不能問題に関する話題は本書の範囲を超えるため，興味のある読者は例えば文献[7, 12, 15]などを参照されたい．

4.4　漸化式による関数の定義とその計算可能性について

本節では，再帰定理のもう一つの応用として，再帰的に定義された関数の計算可能性に関する話題を取り上げる．ただしその前に「関数の再帰的定義」ということばの使い方についての注意を述べる．

「関数の再帰的定義」とは大雑把にいうと「自己参照を許す関数定義」のことで，例えば 1.1 節で紹介した最大公約数を求める関数 $\gcd: \mathbb{N}^2 \to \mathbb{N}$ を次の等式を用いて定義するのはその例である．

$$\gcd(x, y) = \begin{cases} x & y = 0 \text{ のとき}, \\ \gcd(y, \mathrm{mod}(x, y)) & y > 0 \text{ のとき}. \end{cases} \quad (4.2)$$

実際，この式では関数 $\gcd$ の値 $\gcd(x, y)$ を定めるのに同じ関数のほかの値 $\gcd(y, \mathrm{mod}(x, y))$ を参照しているが，この現象を**関数の自己参照**という．

ところで，式 (4.2) がすべての $x, y \in \mathbb{N}$ について成り立つことは第 1 章（演習問題 1.1）で見たとおりだが，それに加えて注意したいのは，(4.2) を満たす関数は $\gcd$ ただ一つかという点である．もしそうなら (4.2) は $\gcd$ を（再帰

的に）定義するといえるが，そうでなければ定義という言葉は適切でない．この点を明確にするため，前者の場合には (4.2) を gcd の漸化式による**定義**（または**再帰的定義**）といい，そうでない場合は (4.2) を gcd が満たす漸化式という[*22]．なお，本書では**漸化式**という言葉で

$$\xi(x_1, x_2, \ldots, x_n) \simeq \Phi(\xi; x_1, x_2, \ldots, x_n) \tag{4.3}$$

の形の等式をさす．ただし，ここで ξ は（不特定の n 変数の部分関数を表す）**関数変数**かまたは（式 (4.2) の場合のように）特定の n 変数の部分関数であり，右辺の $\Phi(\xi; x_1, x_2, \ldots, x_n)$ はこの ξ と自然数変数 $x_1, x_2, \ldots, x_n$ および既知の関数や述語や関数演算を使って構成される（自然数を値とする）式である[*23]．

以上の準備のもとで，漸化式で定義された関数の計算可能性について考える．この点に関して gcd の場合はどうかというと，第 1 章で見たとおり gcd は簡単な N プログラムで計算できるから計算可能なことは明らかである．しかし，漸化式で定義される関数の中には，それを計算する N プログラムを書くのは必ずしも容易でないが計算可能なものが少なくない．例えば，次の漸化式

$$A(x, y) \simeq \begin{cases} y + 1 & x = 0 \text{ のとき}, \\ A(x \dot{-} 1, 1) & (x > 0) \wedge (y = 0) \text{ のとき}, \\ A(x \dot{-} 1, A(x, y \dot{-} 1)) & (x > 0) \wedge (y > 0) \text{ のとき} \end{cases} \tag{4.4}$$

で定義され，**アッカーマン関数**（Ackermann function）の名で知られる興味深い関数があるが，これはその種の関数の一つである[*24]．

[*22] 関数を定義しない漸化式の簡単な例として，例えば $\xi(x) \simeq \xi(x \dot{-} 1)$ がある．実際，1 変数のすべての定数関数と，定義域が空集合の部分関数 $\epsilon_1 : \mathbb{N} \leadsto \mathbb{N}$ がこの漸化式を満たす．

[*23] ここで ξ が関数変数のとき，漸化式 (4.3) は ξ が満たすべき条件を等式の形で表した一種の関数方程式である．その場合，(4.3) の両辺はそれぞれ部分関数の関数値を表すから，両辺を結ぶ等号には $\simeq$ を用いる．一方，ξ が特定の部分関数（それを $\varphi : \mathbb{N}^n \leadsto \mathbb{N}$ とする）である場合の漸化式は，上述の未知関数 ξ に関する関数方程式を φ が満たす（つまり，φ はその関数方程式の解である）ことを意味する．その場合，もし (4.3) の両辺がともに値をもつなら，両辺を結ぶ等号は (4.2) の場合のように $=$ でもよい．

[*24] アッカーマン関数については後の演習問題 4.8, 4.9 および 5.6 節で詳しく取り上げる．

以下に，漸化式で定義される関数の計算可能性に関する定理を述べるが，一般論の前にその考え方を簡単な例について説明する．

例 4.4.1.

1) 次の漸化式

$$\xi(x,y) \simeq \begin{cases} x & y=0 \text{ のとき}, \\ \xi(y, \mathrm{mod}(x,y)) & y>0 \text{ のとき} \end{cases} \quad (4.5)$$

を関数 gcd が満たすことはすでに述べた[*25)]が，そのような関数は gcd のみであることを確認する．そのために関数 $\varphi_1, \varphi_2 : \mathbb{N}^2 \leadsto \mathbb{N}$ が (4.5) を満たすなら $\varphi_1 = \varphi_2$ が成り立つことを y に関する累積帰納法で示す．まず，$y=0$ のときは明らかに $\varphi_1(x,y) \simeq x \simeq \varphi_2(x,y)$ である．一方，$y>0$ のときは累積帰納法の仮定 $\forall y' < y [\varphi_1(x,y') \simeq \varphi_2(x,y')]$ より

$$\begin{aligned}\varphi_1(x,y) &\simeq \varphi_1(y, \mathrm{mod}(x,y)) \quad &\varphi_1 \text{ は (4.5) を満たすため} \\ &\simeq \varphi_2(y, \mathrm{mod}(x,y)) \quad &\mathrm{mod}(x,y) < y \text{ より} \\ &\simeq \varphi_2(x,y) \quad &\varphi_2 \text{ は (4.5) を満たすため}\end{aligned}$$

が成り立つ．よって $\varphi_1 = \varphi_2$ を得る．

2) 式 (4.5) の右辺を $\Phi(\xi; x, y)$ とおき，(4.5) における関数変数 ξ に指標 z をもつ再帰的関数 $\{z\}_2 : \mathbb{N}^2 \leadsto \mathbb{N}$ を代入することにより

$$\{z\}_2(x,y) \simeq \Phi(\{z\}_2; x, y) \quad (4.6)$$

を得る．そのとき，この右辺は自然数変数 z, x, y に関する関数であるからそれを $\psi(z,x,y)$ とおくと，ψ は定理 4.1.2 と補題 4.2.4 より再帰的関数である[*26)]．よって等式 $\{z\}_2(x,y) \simeq \psi(z,x,y)$ に再帰定理 (定理 4.3.2) を適用することができ，その結果ある自然数 e に対して

[*25)] 演習問題 1.1 (1) を参照．
[*26)] ここで $\{z\}_2(y, \mathrm{mod}(x,y)) \simeq \gamma_2(z, y, \mathrm{mod}(x,y))$ であることに注意．

$$\{e\}_2(x,y) \simeq \psi(e,x,y) \simeq \Phi(\{e\}_2;x,y)$$

が成り立つ．つまり，再帰的関数 $\{e\}_2$ は漸化式 (4.5) を満たす．
3) 以上の結果から，漸化式 (4.5) のただ一つの解である gcd は $\{e\}_2$ と等しく，よって再帰的関数であることが分かる．

上の証明の意図は次のとおりである．まず 1) で gcd が (4.5) を満たす唯一の関数であることを確認したのち，2) で ξ に関する方程式 (4.5) を自然数関数の世界からその一部である再帰的関数の世界 $\mathcal{R}$ に「移植」する．すなわち，(4.5) の関数変数 ξ に（2 変数の再帰的関数全体の上を動く関数変数の役を果たす）$\{z\}_2$ を代入し，その結果得られた (4.6) の右辺が z,x,y に関する再帰的関数であることを確かめる．すると，z に関する方程式 (4.6) が解をもつこと，したがって (4.5) が再帰的関数を解としてもつことが再帰定理により保証され，よって (4.5) の唯一の解である gcd が再帰的関数であることが分かる．

上の議論には関数 gcd に特有な部分もあるが，漸化式で定義される関数に共通な部分に注目することにより次のようにまとめることができる．

定理 4.4.2. 関数 $\varphi : \mathbb{N}^n \leadsto \mathbb{N}$ が漸化式

$$\xi(\vec{x}) \simeq \Phi(\xi;\vec{x}) \qquad (4.7)$$

[*27]

を満たし，かつ (4.7) が次の 2 条件を満たすとき，φ は再帰的関数である．
1) (4.7) を満たす関数はただ一つである．
2) $\psi(z,\vec{x}) \stackrel{\text{def}}{\simeq} \Phi(\{z\}_n;\vec{x})$ で定まる $\psi : \mathbb{N}^{n+1} \leadsto \mathbb{N}$ は再帰的関数である．

[*27] 本書における漸化式の記法については (4.3) を見よ．なお，漸化式 (4.7) が条件 2) を満たすか否かは，その右辺 $\Phi(\xi;\vec{x})$ に（ξ と $\vec{x}$ のほかに）どんな関数や述語や関数演算が使われているかによる．もしそこに計算不可能な関数や，決定不能な述語が含まれていたり，あるいは再帰的関数をそうでない関数に変換する関数演算（例えば注意 3.4.8 を参照）などがあれば要注意だが，そうでなければ心配はない．

証明 条件 1) より (4.7) を満たす再帰的関数があることを示せば十分である．しかるに，(4.7) の ξ に $\{z\}_n$ を代入して得られる等式 $\{z\}_n(\vec{x}) \simeq \Phi(\{z\}_n;\vec{x})$ と条件 2) から，$\{z\}_n(\vec{x}) \simeq \psi(z,\vec{x})$ が得られ，ここで ψ は再帰的関数であるから，この等式に再帰定理（定理 4.3.2）を適用することができる．その結果，ある自然数 e に対して $\{e\}_n(\vec{x}) \simeq \psi(e,\vec{x}) \simeq \Phi(\{e\}_n;\vec{x})$，すなわち $\{e\}_n$ は (4.7) を満たす再帰的関数である．よって定理が成り立つ． □

最後に，漸化式によって定義される関数を計算するプログラムについて簡単に触れる．コンピュータ上で広く使われている汎用プログラミング言語（例えば C 言語や Java など）には，関数の自己参照に対応する機能として，関数を定義するプログラムの中で定義中の関数自身を呼び出す**再帰呼び出し**（recursive call）という機能があり，それを使うことにより関数の漸化式による定義をほぼそのままプログラム中に記述することができる[*28)]．本書の N プログラムにその機能を取り入れた場合，最大公約数を求める関数を定義するプログラムは例えば次のように表される．

```
function gcd(x, y);
    if y = 0 then [z := x]
             else [z := gcd(y, mod(x, y))];
return(z)
```

実際これは「関数 gcd は漸化式 (4.2) で定義される」ことをプログラムの書式に従って述べたもので，これを「コンパイラ」とよばれる翻訳プログラムにより機械語[*29)]のプログラムに変換することにより関数 gcd をさまざまなプログラムで呼び出し実行できるようになる．同様に，漸化式 (4.4) をもとに再起呼び出しを用いてアッカーマン関数 A を定義するプログラムは例えば次のよう

[*28)] これは，関数の漸化式による再帰的定義という数学的な概念がプログラミング言語の中にうまく取り入れられ活用されている例の一つといえよう．

[*29)] 機械語（machine language）とは Ver.0 の N プログラムに近い素朴な命令体系をもつプログラミング言語で，この言語で書かれたプログラムのみがコンピュータ上で直接実行できる．

に表される[*30].

> function $A(\mathsf{x}, \mathsf{y})$;
>   if $\mathsf{x} = 0$ then $[\mathsf{z} := \mathsf{y} + 1]$
>   else [if $\mathsf{y} = 0$ then $[\mathsf{z} := A(\mathsf{x} \dot{-} 1, 1)]$
>   else $[\mathsf{z} := A(\mathsf{x} \dot{-} 1, A(\mathsf{x}, \mathsf{y} \dot{-} 1))]$];
> return (z)

演 習 問 題

4.1 定理 4.1.2 の証明中の初等関数 $k_n(z), g_n(z, \vec{x}), f(z,w), g'(z,w)$ と初等述語 $p(z,w)$ の構成を示せ.

4.2 定理 4.1.4 の証明中の初等関数 $k(z,x), g(z,x)$ の構成を示せ.

4.3 ある初等述語 $p : \mathbb{N}^3 \to \{\text{true}, \text{false}\}$ と初等関数 $h : \mathbb{N} \to \mathbb{N}$ が存在して $\forall z \forall x\,[\gamma(z,x) \simeq h(\mu v\,[p(z,x,v)])]$ が成り立つ. すなわち, 定理 3.4.3 の初等述語 p と初等関数 h は再帰的関数全体に対して共通にとれる. このことを示せ.

4.4 (万能関数 γ_n の全域関数への拡大) 任意の自然数 n について万能関数 $\gamma_n : \mathbb{N}^{n+1} \rightsquigarrow \mathbb{N}$ の全域関数への拡大は再帰的関数でない. つまり, 定理 4.2.1 は γ_1 だけでなく一般の γ_n についても成り立つ. このことを示せ.

[*30] このように関数 A を計算する再帰呼び出しを含むプログラム P が与えられたとき, 例えば関数値 $A(12,7)$ の計算は以下のように行われる. はじめにプログラム P が呼び出され, P 内の変数 x,y にそれぞれ値 12,7 がセットされる. すると, $x, y \neq 0$ のため P の指示に従い 4 行目の代入文 $\mathsf{z} := A(\mathsf{x} \dot{-} 1, A(\mathsf{x}, \mathsf{y} \dot{-} 1))$ の実行が始まる. ところで, この右辺の値を計算するにはその内側の関数値 $A(x, y \dot{-} 1)$ を計算し, その結果 z を使って外側の関数値 $A(x \dot{-} 1, z)$ を計算する必要があり, そのために (プログラム P の最初の呼び出しが実行中のまま) 少なくとも 2 回 P の呼び出しが必要となる. (実は, この内側の $A(x, y \dot{-} 1)$ を計算するための呼び出し中にさらに何回も P が呼び出され, 外側の $A(x \dot{-} 1, z)$ を計算するための呼び出し中にも同様のことが起きる.) こうして再帰呼び出しを含むプログラムは, 一度呼び出されて実行が始まるとその処理中に別のデータに対する呼び出しが発生し, さらにその中でまた別のデータに対する呼び出しが · · · という風に一つのプログラムが何重にも呼び出され, それぞれが異なるデータ群を間違いなく管理し処理しなければならない. そのため, この種のプログラムをコンパイルして得られる機械語のプログラムはきわめて複雑なものになりそうに思われるが, スタック (例 2.4.6) を適切に用いることによりその複雑さは大幅に軽減される. 詳しくはコンパイラに関する文献[13, 19] を参照せよ. 演習問題 4.9 は, 再帰呼び出しの一般的な技法ではなく, 上の関数 A の計算に特化したスタックの有効な使い方の例を示す.

4.5 次の全域関数 $f : \mathbb{N}^2 \to \mathbb{N}$ は計算可能か否か．その理由を述べよ．
$$f(z,x) \stackrel{\text{def}}{=} \begin{cases} \gamma_1(z,x) + 1 & \gamma_1(z,x)\downarrow \text{ のとき,} \\ 0 & \gamma_1(z,x)\uparrow \text{ のとき.} \end{cases}$$

4.6 各正整数 n に対して，n 変数の再帰的な全域関数に対する万能関数（すなわち，$\{g_n(e,\cdot) | e \in \mathbb{N}\} = \{f : \mathbb{N}^n \to \mathbb{N} | f \in \mathcal{R}\}$ を満たす再帰的な全域関数 $g_n : \mathbb{N}^{n+1} \to \mathbb{N}$）は存在しないことを示せ．

4.7 補題 4.3.1 の初等関数 $s_{m,n}(z,\vec{y})$ の構成を示せ．

4.8 漸化式 (4.4) を満たす関数 $A : \mathbb{N}^2 \rightsquigarrow \mathbb{N}$ はただ一つであることと，その関数は再帰的関数であることを示せ．

4.9 前問の関数 A を計算するなるべく分かりやすい手順を考え，その手順に従って関数 A を計算する Ver.2 の while プログラムを示せ．

4.10 再帰的関数 $\psi : \mathbb{N}^n \rightsquigarrow \mathbb{N}$ と $\psi' : \mathbb{N}^{n+2} \rightsquigarrow \mathbb{N}$ から原始再帰法によって得られる次の関数は再帰的関数である（つまり，再帰的関数の全体 $\mathcal{R}$ は原始再帰法のもとで閉じている）ことを示せ．
$$\begin{cases} \varphi(\vec{x},0) \simeq \psi(\vec{x}) & y = 0 \text{ のとき,} \\ \varphi(\vec{x},y+1) \simeq \psi'(\vec{x},y,\varphi(\vec{x},y)) & y > 0 \text{ のとき.} \end{cases}$$

4.11 $p(\vec{x},y)$ が再帰的述語のとき，次の漸化式を満たす関数を求めよ．
$$\xi(\vec{x},y) \simeq \begin{cases} y & p(\vec{x},y) \text{ のとき,} \\ \xi(\vec{x},y+1) & \neg p(\vec{x},y) \text{ のとき.} \end{cases}$$

第 5 章
原始再帰的関数の階層 $\{\mathcal{F}_j\}$

本章では，原始再帰的関数の集合 $\mathcal{P}$ がどのような構造をもち，その中で初等関数やその他の関数がどのような位置を占めているかについて調べる．そのために，ある制限されたタイプの原始再帰法を用いて $\mathcal{P}$ の内部に同心円状に広がる集合の無限列 $\{\mathcal{F}_j\}$ を導入し，それを通して見えてくる各関数の計算に関するある種の複雑さに注目する．

5.1 限定原始再帰法と初等関数

第 3 章で導入した原始再帰法は，関数 $g : \mathbb{N}^n \to \mathbb{N}$ と $g' : \mathbb{N}^{n+2} \to \mathbb{N}$ を使って，関数 $f : \mathbb{N}^{n+1} \to \mathbb{N}$ を次の形で定義するものだった．

$$\begin{cases} f(\vec{x}, 0) = g(\vec{x}) \\ f(\vec{x}, y+1) = g'(\vec{x}, y, f(\vec{x}, y)) \end{cases} \tag{5.1}$$

このようにして定義された関数 f が，さらにもう一つの関数 $g'' : \mathbb{N}^{n+1} \to \mathbb{N}$ に対して不等式

$$f(\vec{x}, y) \leq g''(\vec{x}, y) \tag{5.2}$$

を満たすとき，関数 f は g, g', g'' から**限定原始再帰法**（bounded primitive recursion）により得られるという．なお，ここで関数 g, g', g'' がともにある集合 $\mathcal{F}$ に属するとき，f は $\mathcal{F}$ 上の限定原始再帰法で定義されるという．

例 5.1.1.

1) 前者関数 $\mathrm{pred}(y) = y \mathbin{\dot{-}} 1$ は

$$\begin{cases} \mathrm{pred}(0) = 0 = \mathrm{zero}_0(), \\ \mathrm{pred}(y+1) = y = \mathrm{p}_{2,1}(y, \mathrm{pred}(y)), \\ \mathrm{pred}(y) \leq y = \mathrm{p}_{1,1}(y) \end{cases}$$

を満たす.よって pred は zero_0, $\mathrm{p}_{2,1}$, $\mathrm{p}_{1,1}$ から限定原始再帰法により得られる.また,自然数の引き算 $\mathrm{sub}(x,y) = x \mathbin{\dot{-}} y$ は

$$\begin{cases} \mathrm{sub}(x,0) = x = \mathrm{p}_{1,1}(x), \\ \mathrm{sub}(x,y+1) = (\mathrm{pred} \circ \mathrm{p}_{3,3})(x,y,\mathrm{sub}(x,y)), \\ \mathrm{sub}(x,y) \leq x = \mathrm{p}_{2,1}(x,y) \end{cases}$$

を満たすから $\mathrm{p}_{1,1}$, $\mathrm{pred} \circ \mathrm{p}_{3,3}$, $\mathrm{p}_{2,1}$ から限定原始再帰法により得られる.

2) 補題 2.2.7 の証明に登場した初等関数 and, or : $\mathbb{N}^2 \to \mathbb{N}$ と not : $\mathbb{N} \to \mathbb{N}$ はいずれも $\mathrm{zero}_n, \mathrm{suc}, \mathrm{p}_{n,i}$ と合成演算によって得られる関数を用いて限定原始再帰法により次のように構成される.

$$\begin{cases} \mathrm{and}(x,0) = x, \\ \mathrm{and}(x,y+1) = 1, \\ \mathrm{and}(x,y) \leq x+1. \end{cases} \quad \begin{cases} \mathrm{or}(x,0) = 0, \\ \mathrm{or}(x,y+1) = x, \\ \mathrm{or}(x,y) \leq x. \end{cases} \quad \begin{cases} \mathrm{not}(0) = 1, \\ \mathrm{not}(y+1) = 0, \\ \mathrm{not}(y) \leq 1. \end{cases}$$

先にも言及したように初等関数は原始再帰法のもとで閉じていない(例 3.2.3)が,限定原始再帰法のもとでは閉じている.

補題 5.1.2. 関数 $f : \mathbb{N}^{n+1} \to \mathbb{N}$ が初等関数 g, g', g'' から限定原始再帰法で得られるなら,f も初等関数である.

証明 まず,関数 f, g, g' は式 (5.1) を満たすから,関数値 $f(\vec{x}, y)$ は「$z_0 = g(\vec{x})$, $z_{i+1} = g'(\vec{x}, i, z_i)$ $(i < y)$ によって定まる長さ $y+1$ の数列 $z_0, z_1, \ldots, z_y$ の最終項」に等しい.このことは,2.4 節で導入した(自然数列の)コードに関

する記法を使うと次のように表される．

w が長さ $y+1$ の数列のコードで，$\mathrm{el}(w,0) = g(\vec{x})$ と $\forall i < y$
$[\mathrm{el}(w, i+1) = g'(\vec{x}, i, \mathrm{el}(w,i))]$ を満たすとき，$f(\vec{x}, y) = \mathrm{el}(w, y)$．

一方，関数 f と g'' が式 (5.2) を満たすことから，上のコード w の動く範囲が限定される．まず，w が長さ $y+1$ の数列のコードであることから $w = \langle \mathrm{el}(w,0), \mathrm{el}(w,1), \ldots, \mathrm{el}(w,y) \rangle = \mathrm{el}_\diamond(w, y+1)$ を満たし（例 2.4.5），かつ各 $i \leq y$ について $\mathrm{el}(w, i) = f(\vec{x}, i) \leq g''(\vec{x}, i)$ が成り立つ．したがって，コード関数の単調性[*1)] から w は

$$w = \langle \mathrm{el}(w,0), \mathrm{el}(w,1), \ldots, \mathrm{el}(w,y) \rangle$$
$$\leq \langle g''(\vec{x}, 0), g''(\vec{x}, 1), \ldots, g''(\vec{x}, y) \rangle$$
$$= g''_\diamond(\vec{x}, y+1)$$

を満たす．これらのことに注意すると，与えられた $\vec{x}$, y に対して上記の条件を満たすコード w を対応させる関数 h は，有界最小解関数を使って

$$h(\vec{x}, y) = \mu w \leq g''_\diamond(\vec{x}, y+1)
\begin{bmatrix}
[w = \mathrm{el}_\diamond(w, y+1)] \wedge [\mathrm{el}(w,0) = g(\vec{x})] \\
\wedge \forall i < y\, [\mathrm{el}(w, i+1) = g'(\vec{x}, i, \mathrm{el}(w, i))]
\end{bmatrix}$$

と表され，関数 g, g', g'' から限定原始再帰法で得られる関数 f はこの h を使って

$$f(\vec{x}, y) = \mathrm{el}(h(\vec{x}, y), y)$$

で与えられる．ここで関数 el および g, g', g'' は初等関数であるから，$\mathrm{el}_\diamond$ と $g''_\diamond$ も初等関数であり，それらを上のように組み合わせて得られる h そして f が初等関数であることが第 2 章の議論より保証される． □

[*1)] $\forall i < n[a_i \leq b_i] \implies \langle a_0, a_1, \ldots, a_{n-1} \rangle \leq \langle b_0, b_1, \ldots, b_{n-1} \rangle$．

5.2 関 数 列 $\{h_j\}$

次に，本章の主題である階層 $\{\mathcal{F}_j\}$ を組み立てる上で中心的な役割を演じる関数列 $\{h_j\}$ を導入する.

定義 5.2.1. 各自然数 j に対して関数 $h_j: \mathbb{N} \to \mathbb{N}$ を次のように定める.
$$\begin{cases} h_0(x) = \mathrm{suc}(x), \\ h_{j+1}(x) = h_j^*(x,x) = h_j^x(x). \end{cases}$$
例えば，$h_1(x) = h_0^x(x) = \mathrm{suc}^x(x) = 2x$, $h_2(x) = h_1^x(x) = x \cdot 2^x$.

補題 5.2.2 (h_j の基本的性質). 任意の自然数 j, k, x, y に対して次が成り立つ.
1) $0 < x$ のとき $h_j^k(x) < h_j^{k+1}(x)$.
2) $h_j^k(x) < h_j^k(x+1)$.
3) $0 < x$ のとき $h_j^k(x) \leq h_{j+1}^k(x)$.
4) $h_j^{kx}(x) \leq h_{j+1}^k(x)$.

証明

1) $\forall j \, \forall x \, [0 < x \to x < h_j(x) < h_j^2(x) < h_j^3(x) < \cdots]$ が成り立つことを j に関する帰納法で示す． $j = 0$ のとき $h_0 = \mathrm{suc}$ より明らか．その他のとき仮定 $0 < x$ と帰納法の仮定より $x < h_j(x) \leq h_j^x(x) = h_{j+1}(x)$. ゆえに $\forall x \, [0 < x \to x < h_{j+1}(x)]$ が成り立つ．さらにこの結果を $h_{j+1}(x), h_{j+1}^2(x), h_{j+1}^3(x), \ldots$ に対して順に適用することにより $\forall x \, [0 < x \to x < h_{j+1}(x) < h_{j+1}^2(x) < h_{j+1}^3(x) < \cdots]$ を得る．

2) これは h_j^k が単調増加関数であること，すなわち
$$\forall k \, \forall j \, \forall x \, \forall y \, [x < y \to h_j^k(x) < h_j^k(y)] \tag{5.3}$$

を意味する.

$k=1$ のとき (5.3) の証明は j に関する帰納法による. $j=0$ のときは $h_0^1 = \mathrm{suc}$ より明らか. その他の場合, $x < y$ を仮定すると

$$\begin{aligned}
h_{j+1}(x) &= h_j^x(x) \\
&< h_j^x(y) \qquad x < y \text{ と帰納法の仮定より} \\
&< h_j^y(y) \qquad 0 < y \text{ と 1) より} \\
&= h_{j+1}(y).
\end{aligned}$$

一方, $k=0$ のとき $h_j^0(x) = x$ より明らか. $k \geq 2$ のときは仮定 $x < y$ に対して $k=1$ のときの結果を k 回適用することにより次のようにして得られる:

$$\begin{aligned}
x < y \;&\to\; h_j^1(x) < h_j^1(y) \\
&\to\; h_j^2(x) < h_j^2(y) \\
&\to\; \cdots \\
&\to\; h_j^k(x) < h_j^k(y).
\end{aligned}$$

3) $0 < x$ のとき $\forall k \forall j\, [h_j^k(x) \leq h_{j+1}^k(x)]$ が成り立つことを k に関する帰納法で示す. $k=0$ のときは明らか. その他のとき

$$\begin{aligned}
h_j^{k+1}(x) &= h_j(h_j^k(x)) \\
&\leq h_j(h_{j+1}^k(x)) \qquad \text{帰納法の仮定と 2) より} \\
&\leq h_j^{h_{j+1}^k(x)}(h_{j+1}^k(x)) \qquad 0 < h_{j+1}^k(x) \text{ と 1) より} \\
&= h_{j+1}(h_{j+1}^k(x)) \\
&= h_{j+1}^{k+1}(x).
\end{aligned}$$

4) k に関する帰納法による. $k=0$ のとき $h_j^{kx}(x) = x = h_{j+1}^k(x)$. その他のとき, 任意の x について

$$h_j^{(k+1)\cdot x}(x) = h_j^{k\cdot x}(h_j^x(x))$$
$$= h_j^{k\cdot x}(h_{j+1}(x))$$
$$\leq h_j^{k\cdot h_{j+1}(x)}(h_{j+1}(x)) \qquad \forall j \forall x[x \leq h_j(x)] \text{ より}^{*2)}$$
$$\leq h_{j+1}^k(h_{j+1}(x)) \qquad \text{帰納法の仮定より}$$
$$= h_{j+1}^{k+1}(x). \qquad \square$$

5.3 関数の階層 $\{\mathcal{F}_j\}$

定義 5.3.1. 各自然数 j について $\mathcal{P}$ の部分集合 $\mathcal{F}_j$ を次のように再帰的に定義し,$\{\mathcal{F}_j\}$ で集合列 $\mathcal{F}_0, \mathcal{F}_1, \mathcal{F}_2, \ldots$ を表す.

1) 零関数 $\mathrm{zero}_n(\vec{x}) = 0$ $(n \geq 0)$,後者関数 $\mathrm{suc}(x) = x+1$,射影関数 $\mathrm{p}_{n,i}(x_1, x_2, \ldots, x_n) = x_i$ $(1 \leq i \leq n)$ は $\mathcal{F}_j$ に属する.また,前節で定義した関数 $h_j(x)$ の反復関数 $h_j^*(x,y)$ は $\mathcal{F}_{j+1}$ に属する.

2) $g : \mathbb{N}^m \to \mathbb{N}$ と $g_i : \mathbb{N}^n \to \mathbb{N}$ $(i = 1, 2, \ldots, m)$ が $\mathcal{F}_j$ に属するとき,それらの合成関数 $g \circ (g_1, g_2, \ldots, g_m)$ も $\mathcal{F}_j$ に属する.

3) 関数 $g : \mathbb{N}^n \to \mathbb{N}$,$g' : \mathbb{N}^{n+2} \to \mathbb{N}$,$g'' : \mathbb{N}^{n+1} \to \mathbb{N}$ が $\mathcal{F}_j$ に属するとき,g, g', g'' から限定原始再帰法

$$\begin{cases} f(\vec{x}, 0) = g(\vec{x}) \\ f(\vec{x}, y+1) = g'(\vec{x}, y, f(\vec{x}, y)) \\ f(\vec{x}, y) \leq g''(\vec{x}, y) \end{cases}$$

で得られる関数 $f : \mathbb{N}^{n+1} \to \mathbb{N}$ も $\mathcal{F}_j$ に属する.

4) 上記以外は $\mathcal{F}_j$ に属さない.

[*2)] より詳しくいうと,まず $\forall j \forall x[x \leq h_j(x)]$ が ($0 < x$ のときは 1) より,$x = 0$ のときは自明に) 成り立つから,$h_j^{k\cdot x}(h_{j+1}(x)) \leq h_j(h_j^{k\cdot x}(h_{j+1}(x)))$ から始めて同様の不等式を $k\cdot h_{j+1}(x) - k\cdot x$ 個つなぐことにより $h_j^{k\cdot x}(h_{j+1}(x)) \leq h_j^{k\cdot h_{j+1}(x)}(h_{j+1}(x))$ を得る.なお,$h_j^k(x)$ の単調性に関する 1)〜3) の結果と上で述べた事実を次のようにまとめることができる:$h_j^k(x)$ は x に関して単調増加 ($<$) で,k に関して単調非減少 ($\leq$) である.また,$0 < x$ のとき $h_j^k(x)$ は k に関して単調増加で,j に関して単調非減少である.

すなわち，$\mathcal{F}_0$ は零関数，後者関数，射影関数を初期関数とし，それらに関数合成と限定原始再帰法を有限回適用することにより得られる関数全体の集合である．また，各 j について $\mathcal{F}_{j+1}$ は初期関数として零関数，後者関数，射影関数および h_j^* を含み，それらに関数合成と限定原始再帰法を有限回適用することにより得られる関数全体の集合である．

簡単のため $\mathcal{F}_j$ に属する関数を $\mathcal{F}_j$ 関数とよび，述語 p の特性関数 c_p が $\mathcal{F}_j$ に属するとき p を $\mathcal{F}_j$ 述語とよぶ．

注意 5.3.2.

1) $\mathcal{F}_0$ の初期関数は各 $\mathcal{F}_j$ の初期関数でもあるから $\mathcal{F}_0 \subseteq \mathcal{F}_j$ が（$\mathcal{F}_0$ の構成に関する帰納法により）容易に導かれる．

2) 各 j, j' について，$h_j^* \in \mathcal{F}_{j'}$ のときかつそのときに限り $\mathcal{F}_{j+1} \subseteq \mathcal{F}_{j'}$ が成り立つ．実際，$h_j^* \in \mathcal{F}_{j'}$ のとき $\mathcal{F}_{j+1}$ の構成に関する帰納法により $\mathcal{F}_{j+1} \subseteq \mathcal{F}_{j'}$ が示され，逆は $h_j^* \in \mathcal{F}_{j+1}$ より明らかである．

3) 各 j について h_j は $\mathcal{F}_j$ に属する．実際，$j = 0$ のとき $h_0 = \mathrm{suc} \in \mathcal{F}_0$. また，$h_{j+1}(x) = h_j^*(x, x)$ より $h_{j+1} = h_j^* \circ (p_{1,1}, p_{1,1}) \in \mathcal{F}_{j+1}$.

例 5.3.3.

1) 前者関数 $\mathrm{pred}(y) = y \mathbin{\dot{-}} 1$ は例 5.1.1 で見たとおり $\mathcal{F}_0$ の初期関数から限定原始再帰法により得られるから $\mathcal{F}_0$ に属する．一方，自然数の引き算 $\mathrm{sub}(x, y) = x \mathbin{\dot{-}} y$ は $\mathcal{F}_0$ の初期関数と pred から合成と限定原始再帰法によって得られるから $\mathcal{F}_0$ に属する．また，$\min(x, y) = x \mathbin{\dot{-}} (x \mathbin{\dot{-}} y)$ より $\min = \mathrm{sub} \circ (p_{2,1}, \mathrm{sub}) \in \mathcal{F}_0$.

2) 同様に例 5.1.1 の $\mathrm{and}, \mathrm{or} : \mathbb{N}^2 \to \mathbb{N}$ と $\mathrm{not} : \mathbb{N} \to \mathbb{N}$ は $\mathcal{F}_0$ 上の限定原始再帰法で得られるから $\mathcal{F}_0$ に属し，かつ任意の述語 p, q に対して $\mathrm{and} \circ (c_p, c_q) = c_{p \wedge q}$, $\mathrm{or} \circ (c_p, c_q) = c_{p \vee q}$, $\mathrm{not} \circ c_p = c_{\neg p}$ を満たす．さらに，このことと $\mathcal{F}_0 \subseteq \mathcal{F}_j$（注意 5.3.2）より，一般に p, q が $\mathcal{F}_j$ 述語なら $\neg p, \; p \wedge q, \; p \vee q, \; p \to q, \; p \leftrightarrow q$ も $\mathcal{F}_j$ 述語であることが分かる

（補題 2.2.7 参照）．

3) 自然数の足し算 add は h_0^* と等しい（∵ $\mathrm{add}(x,y) = x+y = h_0^*(x,y)$）から $\mathcal{F}_1$ に属する．また，1) より $\mathrm{sub} \in \mathcal{F}_0 \subseteq \mathcal{F}_1$ であるからこれらの合成関数である $\max(x,y) = x + (y \dot{-} x)$ も $\mathcal{F}_1$ に属する．

補題 5.3.4. $\{\mathcal{F}_j\}$ は集合の包含関係に関して単調非減少である．すなわち $\mathcal{F}_0 \subseteq \mathcal{F}_1 \subseteq \mathcal{F}_2 \subseteq \mathcal{F}_3 \subseteq \cdots$ ．

証明 各 j について $\mathcal{F}_j \subseteq \mathcal{F}_{j+1}$ を示すために，$\mathcal{F}_j \subseteq \bigcap_{j<j'} \mathcal{F}_{j'}$（すなわち，$j < j' \to \mathcal{F}_j \subseteq \mathcal{F}_{j'}$）を j に関する帰納法で証明する．$j = 0$ のときは注意 5.3.2 の 1) より明らかであるから，以下に帰納法の仮定から $\mathcal{F}_{j+1} \subseteq \bigcap_{j+1<j'} \mathcal{F}_{j'} = \bigcap_{j<j'} \mathcal{F}_{j'+1}$（すなわち，$j < j' \to \mathcal{F}_{j+1} \subseteq \mathcal{F}_{j'+1}$）を導く．そのために注意 5.3.2 の 2) より $j < j' \to h_j^* \in \mathcal{F}_{j'+1}$ を限定原始再帰法を使って示す．

まず，関数 h_j^* は $h_j (\in \mathcal{F}_j)$ の反復関数であるから $\mathcal{F}_j$ 上の原始再帰法

$$\begin{cases} h_j^*(x, 0) = x, \\ h_j^*(x, y+1) = h_j(h_j^*(x,y)) \end{cases}$$

により得られる．また，$j < j'$ のとき

$$\begin{aligned}
h_j^*(x,y) &= h_j^y(x) \\
&< h_j^y(x+1) \quad \text{補題 5.2.2 の 2) より} \\
&\leq h_{j'}^y(x+1) \quad j < j' \text{ と補題 5.2.2 の 3) より} \\
&= h_{j'}^*(x+1, y) \\
&= h_{j'}^* \circ (\mathrm{suc} \circ p_{2,1}, p_{2,2})(x,y)
\end{aligned}$$

より，$g \stackrel{\mathrm{def}}{=} h_{j'}^* \circ (\sup \circ p_{2,1}, p_{2,2})$ とおくと $g \in \mathcal{F}_{j'+1}$ かつ $h_j^*(x,y) \leq g(x,y)$ ．さらに，帰納法の仮定より $j < j' \to \mathcal{F}_j \subseteq \mathcal{F}_{j'+1}$ であるから，以上をまとめて $j < j'$ のとき h_j^* は $\mathcal{F}_{j'+1}$ 上の限定原始再帰法により得られる $\mathcal{F}_{j'+1}$ 関数である． □

補題 5.3.5 ($\mathcal{F}_j$ 関数の上界). すべての j, n と $\mathcal{F}_j$ 関数 $f : \mathbb{N}^n \to \mathbb{N}$ について次が成り立つ. ただし $\max_+(x_1, \ldots, x_n) \stackrel{\text{def}}{=} \max(x_1, \ldots, x_n, 1)$ とおく*3).
 1) $\exists k \ \forall \vec{x} \ [f(\vec{x}) \leq h_j^k(\max_+(\vec{x}))]$.
 2) $\exists k \ \forall \vec{x} \ [k < \max_+(\vec{x}) \ \to \ f(\vec{x}) < h_{j+1}(\max_+(\vec{x}))]$ *4).

証明
 1) $\mathcal{F}_j$ の構成に関する帰納法による.
  - f が $\mathcal{F}_j$ の初期関数で, zero_n か suc か $\text{p}_{n,i}$ のとき, 補題 5.2.2 の 3) より $f(\vec{x}) \leq \max_+(\vec{x}) + 1 = h_0(\max_+(\vec{x})) \leq h_j(\max_+(\vec{x}))$. 一方, $j > 0$ かつ $f = h_{j-1}^*$ のとき, 補題 5.2.2 の 4) より
  $$\begin{aligned} f(x, y) &= h_{j-1}^y(x) \\ &\leq h_{j-1}^{\max_+(x,y)}(\max_+(x,y)) \\ &\leq h_j(\max_+(x,y)). \end{aligned}$$

  - f が $\mathcal{F}_j$ 関数の合成関数 $f_0 \circ (f_1, f_2, \ldots, f_m)$ のとき, 帰納法の仮定と補題 5.2.2 より, ある k が存在して各 $y_1, y_2, \ldots, y_m, \vec{x}$ について
  $$\begin{aligned} &f_0(y_1, y_2, \ldots, y_m) \leq h_j^k(\max_+(y_1, y_2, \ldots, y_m)), \\ &f_i(\vec{x}) \leq h_j^k(\max_+(\vec{x})) \qquad (i = 1, 2, \ldots, m) \end{aligned}$$
  が成り立つ. そのとき各 $\vec{x}$ について
  $$\begin{aligned} f(\vec{x}) &= f_0(f_1(\vec{x}), f_2(\vec{x}), \ldots, f_m(\vec{x})) \\ &\leq h_j^k(\max_+(f_1(\vec{x}), f_2(\vec{x}), \ldots, f_m(\vec{x}))) \\ &\leq h_j^k(h_j^k(\max_+(\vec{x}))) \\ &= h_j^{2k}(\max_+(\vec{x})). \end{aligned}$$

---

*3) 関数 $\max_+$ を導入する理由は, $\vec{x}$ が空列の場合や $\max(\vec{x}) = 0$ の場合に関数値 $h_j^k(\max(\vec{x}))$ に対する (例えば補題 5.2.2 の 1) と 3) のような) 例外処理を回避するためである.

*4) これは,「有限個の例外を除くすべての $\vec{x}$ について $f(\vec{x}) < h_{j+1}(\max_+(\vec{x}))$ が成り立つ」ことを意味する. なお, 一般に「有限個の例外を除くすべての $\vec{x}$ について ···」という代わりに「ほとんどすべての $\vec{x}$ について ···」ともいう. また, $n = 1$ の場合にこのことを「十分大きなすべての x について ···」ともいう.

- f が $\mathcal{F}_j$ 関数 g, g', g'' から限定原始再帰法によって得られるとき, $f(\vec{x}) \leq g''(\vec{x})$ かつ g'' は帰納法の仮定より補題の条件を満たす. ゆえに f も補題の条件を満たす.

2) $\mathcal{F}_j$ 関数 f に対して 1) の条件 $\forall \vec{x}[f(\vec{x}) \leq h_j^k(\max_+(\vec{x}))]$ を満たす定数 k と $k < \max_+(\vec{x})$ なるすべての $\vec{x}$ に対して補題 5.2.2 より次が成り立つ.
$$f(\vec{x}) \leq h_j^k(\max_+(\vec{x})) < h_j^{\max_+(\vec{x})}(\max_+(\vec{x})) = h_{j+1}(\max_+(\vec{x})). \quad \square$$

注意 5.3.6.

1) 前補題の 1) より $\mathrm{add} \notin \mathcal{F}_0$ が導かれる. 実際, もし $\mathrm{add} \in \mathcal{F}_0$ なら前補題よりある k に対して
$$\mathrm{add}(x, y) \leq h_0^k(\max_+(x, y))$$
が任意の x, y について成り立つ. しかしそれは
$$\mathrm{add}(k+1, k+1) = 2k + 2 \not\leq 2k + 1 = h_0^k(\max_+(k+1, k+1))$$
に反する. 同様にして $\mathrm{mult} \notin \mathcal{F}_1$ が前補題から導かれる.

2) 関数 $\max: \mathbb{N}^2 \to \mathbb{N}$ に前補題を適用すると, $j = 0$ の場合でも
$$\exists k \, \forall x \, \forall y \left[\max(x, y) \leq h_0^k(\max_+(x, y))\right]$$
という自明な情報しか得られない. しかし, 次の命題は関数 $\max$ に対して自明でない情報を与える.

> f が $n \, (> 0)$ 変数の $\mathcal{F}_0$ 関数のとき, f によって定まるある $i \in \{1, 2, \ldots, n\}$ と $a \in \mathbb{N}$ に対して
> $$\forall x_1 \forall x_2 \cdots \forall x_n \left[f(x_1, \ldots, x_n) \leq x_i + a\right].$$

これを $\mathcal{F}_0$ の構成に関する帰納法で示し, 関数 $\max$ に適用することにより, $\max \notin \mathcal{F}_0$ を容易に示すことができる.

補題 5.3.7. 各 j について, $h_j^*, h_{j+1} \in \mathcal{F}_{j+1} - \mathcal{F}_j$ かつ $h_0 \in \mathcal{F}_0$.

証明

- 各 j について $h_j^* \in \mathcal{F}_{j+1}$ と $h_j \in \mathcal{F}_j$ は定義 5.3.1 と注意 5.3.2 による.
- もし $h_{j+1} \in \mathcal{F}_j$ なら, 前補題の 2) より十分大きなすべての x について $h_{j+1}(x) < h_{j+1}(x)$ となり矛盾である. ゆえに $h_{j+1} \notin \mathcal{F}_j$ が成り立つ. さらに, もし $h_j^* \in \mathcal{F}_j$ なら, $h_{j+1}(x) = h_j^*(x,x) \in \mathcal{F}_j$ となり上の結果に反する. よって $h_j^* \notin \mathcal{F}_j$. □

系 5.3.8. $\{\mathcal{F}_j\}$ は集合の包含関係に関して単調増加である. すなわち $\mathcal{F}_0 \subset \mathcal{F}_1 \subset \mathcal{F}_2 \subset \mathcal{F}_3 \subset \cdots$.

証明 補題 5.3.4 と前補題による. □

このように集合の包含関係に関して単調に増加する集合の列はしばしば**階層** (hierarchy) とよばれる.

5.4 階層 $\{\mathcal{F}_j\}$ と原始再帰的関数

本節では, 階層 $\{\mathcal{F}_j\}$ と原始再帰的関数の全体 $\mathcal{P}$ の関係を調べる. そのための準備としてはじめに次の事実を確認する.

補題 5.4.1. 各 j について, $\mathcal{F}_j$ 上の原始再帰法で定義される関数は $\mathcal{F}_{j+1}$ に属する. すなわち, 関数 $f: \mathbb{N}^{n+1} \to \mathbb{N}$ と $g: \mathbb{N}^n \to \mathbb{N}$, $g': \mathbb{N}^{n+2} \to \mathbb{N}$ が

$$\begin{cases} f(\vec{x}, 0) = g(\vec{x}), \\ f(\vec{x}, y+1) = g'(\vec{x}, y, f(\vec{x}, y)) \end{cases}$$

を満たしかつ $g, g' \in \mathcal{F}_j$ のとき, $f \in \mathcal{F}_{j+1}$.

証明 すべての $\vec{x}, y$ について $f(\vec{x}, y) \leq g''(\vec{x}, y)$ を満たす $\mathcal{F}_{j+1}$ 関数 g'' が存在することを示せば, 補題 5.3.4 より f は $\mathcal{F}_{j+1}$ 上の限定原始再帰法により得

られるから，$f \in \mathcal{F}_{j+1}$ が導かれる.

仮定 $g, g' \in \mathcal{F}_j$ と補題 5.3.5 の 1) および 5.2.2 の 1) より, ある定数 k が存在してすべての $\vec{x}, y, z$ に対して次が成り立つ.

$$g(\vec{x}) \leq h_j^k(\max{}_+(\vec{x})),$$
$$g'(\vec{x}, y, z) \leq h_j^k(\max{}_+(\vec{x}, y, z)).$$

そのとき関数 f はすべての $\vec{x}, y$ に対して

$$f(\vec{x}, y) \leq h_j^{k \cdot (y+1)}(\max{}_+(\vec{x}, y)) \tag{5.4}$$

を満たすことが y に関する帰納法により確かめられる. 実際, $y = 0$ のとき $f(\vec{x}, 0) = g(\vec{x}) \leq h_j^k(\max{}_+(\vec{x})) = h_j^{k \cdot (0+1)}(\max{}_+(\vec{x}, 0))$. その他のとき, (5.4) の右辺を t とおくと

$$f(\vec{x}, y+1) = g'(\vec{x}, y, f(\vec{x}, y))$$
$$\leq h_j^k(\max{}_+(\vec{x}, y, f(\vec{x}, y)))$$
$$\leq h_j^k(\max{}_+(\vec{x}, y, t))$$

　　　帰納法の仮定と $h_j^k \circ \max{}_+$ の単調性より

$$= h_j^k(t)$$

　　　補題 5.2.2 の 1) より $\max{}_+(\vec{x}, y) \leq t$ のため

$$= h_j^k(h_j^{k \cdot (y+1)}(\max{}_+(\vec{x}, y)))$$
$$\leq h_j^{k \cdot (y+2)}(\max{}_+(\vec{x}, y+1)).$$

以上で (5.4) が確かめられた. ところで (5.4) の右辺は補題 5.2.2 の 4) より

$$h_j^{k \cdot (y+1)}(\max{}_+(\vec{x}, y)) \leq h_j^{k \cdot \max{}_+(\vec{x}, y+1)}(\max{}_+(\vec{x}, y+1))$$
$$\leq h_{j+1}^k(\max{}_+(\vec{x}, y+1)) \tag{5.5}$$

を満たす. よって (5.4) と (5.5) を合わせて

$$f(\vec{x}, y) \leq h_{j+1}^k(\max{}_+(\vec{x}, y+1))$$

が成り立つ．この不等式の右辺を $g''(\vec{x}, y)$ とおくと，$h_{j+1}^k \in \mathcal{F}_{j+1}$ と $\max_+(\vec{x}, y+1) \in \mathcal{F}_1 \,(\subseteq \mathcal{F}_{j+1})$ より g'' は $\mathcal{F}_{j+1}$ に属する．□

系 5.4.2. $\mathcal{F}_j$ 関数の反復関数は $\mathcal{F}_{j+1}$ に属する．

証明 $\mathcal{F}_j$ 関数 $f : \mathbb{N} \to \mathbb{N}$ の反復関数 $f^* : \mathbb{N}^2 \to \mathbb{N}$ は $\mathcal{F}_j$ 上の原始再帰法で定義されること（例 3.1.5）と前補題による．□

定理 5.4.3. $\mathcal{F}_\infty \stackrel{\text{def}}{=} \bigcup_{j \geq 0} \mathcal{F}_j$ は原始再帰的関数の全体 $\mathcal{P}$ と一致する．

証明 はじめに $\mathcal{F}_\infty \subseteq \mathcal{P}$ を示す．そのために各 j について $\mathcal{F}_j \subseteq \mathcal{P}$ が成り立つことを j に関する帰納法により確認する．$j = 0$ のとき，$\mathcal{P}$ は $\mathcal{F}_0$ の初期関数（零関数，後者関数，射影関数）をすべて含み，合成と（限定）原始再帰法のもとで閉じているから（$\mathcal{F}_0$ の構成に関する帰納法により）$\mathcal{F}_0 \subseteq \mathcal{P}$．その他の場合，$\mathcal{F}_{j+1}$ の初期関数である h_j^* が $\mathcal{P}$ に属することが分かれば $\mathcal{F}_0$ の場合と同様に $\mathcal{F}_{j+1} \subseteq \mathcal{P}$ が示せる．ところで，$h_j \in \mathcal{F}_j$ と帰納法の仮定 $\mathcal{F}_j \subseteq \mathcal{P}$ より $h_j \in \mathcal{P}$ で，h_j^* は $\mathcal{P}$ 上の原始再帰法で得られるから $h_j^* \in \mathcal{P}$ である．

次に，$\mathcal{P} \subseteq \mathcal{F}_\infty$ を $\mathcal{P}$ の構成に関する帰納法により示す．すなわち，$\mathcal{F}_\infty$ が $\mathcal{P}$ の初期関数（零関数，後者関数，射影関数）をすべて含み，合成と原始再帰法のもとで閉じていることを確かめる．まず，$\mathcal{P}$ の初期関数は $\mathcal{F}_0 \,(\subseteq \mathcal{F}_\infty)$ に含まれる．$\mathcal{F}_\infty$ が合成のもとで閉じていることは，$f = f_0 \circ (f_1, \ldots, f_m)$ で各 f_i が $\mathcal{F}_\infty$ に属するとき，ある j について $f \in \mathcal{F}_j$ であることを示せばよい．実際，各 $i = 0, 1, \ldots, m$ について，$f_i \in \mathcal{F}_\infty = \bigcup_{j \geq 0} \mathcal{F}_j$ より $f_i \in \mathcal{F}_{j_i}$ なる自然数 j_i がある．そこで $j = \max(j_0, j_1, \ldots, j_m)$ とおくと，階層 $\{\mathcal{F}_j\}$ の単調性より各 i について $f_i \in \mathcal{F}_{j_i} \subseteq \mathcal{F}_j$ が成り立ち，$\mathcal{F}_j$ が合成のもとで閉じていることから $f \in \mathcal{F}_j \subseteq \mathcal{F}_\infty$．原始再帰法のもとで $\mathcal{F}_\infty$ が閉じていることも，同様の考え方に基づき前補題を使って示せる（演習問題 5.10）．□

前定理と系 5.3.8 より，原始再帰的関数の全体 $\mathcal{P}$ は，互いに共通部分をもたない（そして各々は空でない）無限の集合列 $\mathcal{F}_0, \mathcal{F}_1 - \mathcal{F}_0, \mathcal{F}_2 - \mathcal{F}_1, \ldots$ に分

割されることが分かる．先の例 5.3.3 に加えて，これらの集合に属する関数の例を次に示す．

例 5.4.4.
1) 述語 $x = 0$, $x \leq y$, $x < y$, $x = y$ の特性関数は $\mathcal{F}_0$ に属する．
2) $\mathrm{add}(x, y) = x + y$ と $\max(x, y)$ は $\mathcal{F}_1 - \mathcal{F}_0$ に属する．
3) $\mathrm{mult}(x, y) = xy$ と $\exp(x, y) = x^y$ は $\mathcal{F}_2 - \mathcal{F}_1$ に属する．
4) $\exp_2(x) \stackrel{\mathrm{def}}{=} 2^x$ の反復関数 $(\exp_2)^*(x, y) = \underbrace{2^{2^{\cdot^{\cdot^{2^x}}}}}_{y}$ は $\mathcal{F}_3 - \mathcal{F}_2$ に属する．

証明
1) 述語 $x = 0$, $x \leq y$, $x < y$ の特性関数はそれぞれ $\mathrm{c}_{=0}(x) = 1 \dotminus (1 \dotminus x)$, $\mathrm{c}_{\leq}(x, y) = \mathrm{c}_{=0}(x \dotminus y)$, $\mathrm{c}_{<}(x, y) = 1 \dotminus (y \dotminus x)$ であるから例 5.3.3 より $\mathcal{F}_0$ に属する．述語 $x = y$ は $(x \leq y) \wedge (y \leq x)$ と同値であるからその特徴関数は $\mathrm{c}_{=}(x, y) = \mathrm{and}(\mathrm{c}_{\leq}(x, y), \mathrm{c}_{\leq}(y, x))$. ここで例 5.3.3 より $\mathrm{and} \in \mathcal{F}_0$ であるから $\mathrm{c}_{=} \in \mathcal{F}_0$.
2) 例 5.3.3 と注意 5.3.6 による．
3) $\mathrm{mult}(x, y) = x \times y$ は $\mathcal{F}_2$ 上の限定原始再帰法

$$\begin{cases} \mathrm{mult}(x, 0) = 0, \\ \mathrm{mult}(x, y+1) = \mathrm{mult}(x, y) + x, \\ \mathrm{mult}(x, y) \leq x \cdot 2^y = h_1^*(x, y) \end{cases}$$

により得られるから $\mathrm{mult} \in \mathcal{F}_2$. 一方，注意 5.3.6 より mult は $\mathcal{F}_1$ 関数ではない．$\exp \in \mathcal{F}_2 - \mathcal{F}_1$ も $\exp(x, y) = x^y \leq (2^x)^y = h_1^*(1, xy)$ を使って同様の考え方で示せる．
4) $(\exp_2)^*(x, y)$ は $\mathcal{F}_2$ 関数 $\exp_2(x) = \exp(2, x)$ の反復関数であるから系 5.4.2 より $\mathcal{F}_3$ に属する．以下で $(\exp_2)^* \notin \mathcal{F}_2$ を背理法で示す．そのための準備としてまず，任意の正整数 k に対して

$$\forall x [h_2^k(x) < (\exp_2)^{2k}(x)] \tag{5.6}$$

5.4 階層 $\{\mathcal{F}_j\}$ と原始再帰的関数

が成り立つことを正整数 k に関する帰納法により確認する.実際, $k = 1$ のとき任意の x について

$$h_2(x) = x \cdot 2^x < 2^{2x} \leq 2^{2^x} = (\exp_2)^2(x). \tag{5.7}$$

また, (5.6) を仮定すると任意の x について

$$\begin{aligned}
h_2^{k+1}(x) &= h_2(h_2^k(x)) \\
&< h_2((\exp_2)^{2k}(x)) \quad \text{(5.6) と } h_2 \text{ の単調性より} \\
&< (\exp_2)^2((\exp_2)^{2k}(x)) \quad \text{(5.7) より} \\
&= (\exp_2)^{2(k+1)}(x).
\end{aligned}$$

よってすべての正整数 k について (5.6) が成り立つ.

本題に戻って,もし $(\exp_2)^*$ が $\mathcal{F}_2$ 関数だとすると補題 5.3.5 の 1) より次式を満たす正整数 k がある.

$$\forall x \forall y \, [(\exp_2)^*(x, y) \leq h_2^k(\max_+(x, y))].$$

すると $x = y = 2k$ に対して

$$(\exp_2)^*(2k, 2k) \leq h_2^k(2k) < (\exp_2)^{2k}(2k) = (\exp_2)^*(2k, 2k)$$

が (5.6) より得られ矛盾である.よって $(\exp_2)^* \notin \mathcal{F}_2$. □

これまでの結果をもとに,原始再帰的でないが再帰的な(すなわち,$\mathcal{R} - \mathcal{P}$ に属する)全域関数の例を示すことができる.

定理 5.4.5. 2 変数関数 $H(j, x) \stackrel{\text{def}}{=} h_j(x)$ は原始再帰的関数ではない.

証明 もし H が原始再帰的関数なら,$g(x) \stackrel{\text{def}}{=} H(x, x)$ も原始再帰的関数であり,したがって定理 5.4.3 より g はある $\mathcal{F}_j$ に属する.このとき補題 5.3.5 の 2) より,ある自然数 k が存在して $\forall x[k < x \rightarrow g(x) < h_{j+1}(x)]$. すると,この j と k より大きい自然数 m に対して

$$g(m) < h_{j+1}(m) \leq h_m(m) = H(m, m) = g(m)$$

となり矛盾である．よって H は原始再帰的関数ではない．□

定理 5.4.6. 前定理の関数 $H : \mathbb{N}^2 \to \mathbb{N}$ は再帰的関数である．

証明 3変数関数 $H'(j,k,x) \stackrel{\text{def}}{=} h_j^k(x)$ を考えると，これは次の漸化式

$$H'(j,k,x) = \begin{cases} x+k & j=0 \text{ または } k=0 \text{ のとき}, \\ H'(j\dot{-}1, H'(j,k\dot{-}1,x), H'(j,k\dot{-}1,x)) & j,k>0 \text{ のとき} \end{cases}$$

と $H'(j,1,x) = H(j,x)$ を満たし，さらにこの漸化式は定理 4.4.2 の条件を満たす．よって H' は（したがって H も）再帰的関数である（演習問題 5.12 参照）．□

5.5 階層 $\{\mathcal{F}_j\}$ と初等関数

本節では，これまでに得られた結果をもとに階層 $\{\mathcal{F}_j\}$ と初等関数の関係を明らかにする．はじめに $\mathcal{F}_j$ 述語と $\mathcal{F}_j$ 関数の次の性質を確認する．

補題 5.5.1. すべての j について次が成り立つ．

1) $p(\vec{x},y)$ が $\mathcal{F}_j$ 述語のとき，$\forall z < y[p(\vec{x},z)]$ と $\exists z < y[p(\vec{x},z)]$ も $\mathcal{F}_j$ 述語である．

2) $p(\vec{x},y)$ が $\mathcal{F}_j$ 述語のとき，その有界最小解関数 $\mu z < y[p(\vec{x},z)]$ は $\mathcal{F}_{\max(j,1)}$ に属する．

3) $f(\vec{x},y)$ が $\mathcal{F}_j$ 関数のとき，有限集合 $\{f(\vec{x},z)|z<y\}$ の上限[*5)]

$$f_{\sup}(\vec{x},y) \stackrel{\text{def}}{=} \begin{cases} 0 & y=0 \text{ のとき}, \\ \max\{f(\vec{x},z)|z<y\} & y>0 \text{ のとき} \end{cases}$$

は $\mathcal{F}_{\max(j,1)}$ に属する．

[*5)] $y \in \mathbb{N}$ と $S(\subseteq \mathbb{N})$ が $\forall x \in S[x \leq y]$ を満たすとき y を S の上界 (upper bound) といい，S の最小上界を上限 (supremum) という．空でない有限集合 S の上限は S の最大値で，空集合の上限は 0 である．

4) $f(\vec{x},y)$ が $\mathcal{F}_j$ 関数のとき，その総和関数 $f_+(\vec{x},y) = \sum_{z<y} f(\vec{x},z)$ と総積関数 $f_\times(\vec{x},y) = \prod_{z<y} f(\vec{x},z)$ は $\mathcal{F}_{\max(j,2)}$ に属する．

証明

1) 述語 $\forall z < y[p(\vec{x},z)]$ の特性関数 $c_{\forall p}(\vec{x},y)$ は p の特性関数 $c_p\ (\in \mathcal{F}_j)$ と and などの $\mathcal{F}_0$ 関数から限定原始再帰法

$$\begin{cases} c_{\forall p}(\vec{x},0) = 0, \\ c_{\forall p}(\vec{x},y+1) = \mathrm{and}(c_{\forall p}(\vec{x},y), c_p(\vec{x},y)), \\ c_{\forall p}(\vec{x},y) \leq 1 \end{cases}$$

により得られる．よって $\forall z < y[p(\vec{x},z)]$ は $\mathcal{F}_j$ 述語である．述語 $\exists z < y[p(\vec{x},z)]$ についても同様である．

2) 一般に，述語 p の有界最小解関数は

$$\mu z < y[p(\vec{x},z)] = \sum_{z<y} c_q(\vec{x},z) \quad \text{ただし}\ q(\vec{x},z) \stackrel{\mathrm{def}}{=} \exists z' \leq z[p(\vec{x},z')]$$

と表される（補題 2.2.12 の証明を参照）．ここで，述語 p が $\mathcal{F}_j$ 述語のとき，q の特性関数 c_q は 1) より $\mathcal{F}_j$ に属し，$\sum_{z<y} c_q(\vec{x},z)$ は c_q とその他の $\mathcal{F}_{\max(j,1)}$ 関数から限定原始再帰法

$$\begin{cases} \sum_{z<0} c_q(\vec{x},z) = 0, \\ \sum_{z<y+1} c_q(\vec{x},z) = \sum_{z<y} c_q(\vec{x},z) + c_q(\vec{x},y), \\ \sum_{z<y} c_q(\vec{x},z) \leq y \end{cases}$$

により得られる．

3) $g(\vec{x},y) \stackrel{\mathrm{def}}{=} f(\vec{x}, \mu z < y[\forall z' < y[f(\vec{x},z') \leq f(\vec{x},z)]])$ とおくと f が $\mathcal{F}_j$ 関数のとき g は 1) と 2) より $\mathcal{F}_{\max(j,1)}$ に属し，かつ

$$g(\vec{x},y) = \begin{cases} f(\vec{x},0) & y=0\ \text{のとき}, \\ \max\{f(\vec{x},z) | z < y\} & y > 0\ \text{のとき} \end{cases}$$

を満たす．さらに，$f_{\sup}$ はこの g とその他の $\mathcal{F}_{\max(j,1)}$ 関数から限定原始再帰法

$$\begin{cases} f_{\sup}(\vec{x},0) = 0, \\ f_{\sup}(\vec{x},y+1) = g(\vec{x},y+1), \\ f_{\sup}(\vec{x},y) \leq g(\vec{x},y) \end{cases}$$

により得られる．よって $f_{\sup}$ も $\mathcal{F}_{\max(j,1)}$ に属する[*6]．

4) $f_+(\vec{x},y) = \sum_{z<y} f(\vec{x},z)$ は，限定原始再帰法

$$\begin{cases} f_+(\vec{x},0) = 0, \\ f_+(\vec{x},y+1) = f_+(\vec{x},y) + f(\vec{x},y), \\ f_+(\vec{x},y) \leq f_{\sup}(\vec{x},y) \times y \end{cases}$$

により $\mathcal{F}_j$ 関数 f と $\mathcal{F}_{\max(j,1)}$ 関数 $f_{\sup}$ および足し算, 掛け算などの $\mathcal{F}_2$ 関数から得られるから, $\mathcal{F}_{\max(j,2)}$ に属する．また, $f_\times(\vec{x},y) = \prod_{z<y} f(\vec{x},z)$ は, $\mathcal{F}_{\max(j,2)}$ 上の限定原始再帰法

$$\begin{cases} f_\times(\vec{x},0) = 1, \\ f_\times(\vec{x},y+1) = f_\times(\vec{x},y) \times f(\vec{x},y), \\ f_\times(\vec{x},y) \leq \exp(f_{\sup}(\vec{x},y),y) \end{cases}$$

により得られるから，やはり $\mathcal{F}_{\max(j,2)}$ に属する．□

例 5.5.2. 自然数の割り算 $x \div y = \mu z < x[x < y \times (z+1)]$ は前補題より $\mathcal{F}_2$ に属する．

定理 5.5.3. 初等関数の集合 $\mathcal{E}$ は $\mathcal{F}_2$ と等しい．

証明

- $\mathcal{F}_2 \subseteq \mathcal{E}$ を示すには，$\mathcal{F}_2$ の再帰的定義に従い次のことを確かめればよい．
  1) zero_n, suc, $\text{p}_{n,i}$ および $h_1^*(x,y) = x \cdot 2^y$ は $\mathcal{E}$ に属する．
  2) $\mathcal{E}$ は関数合成のもとで閉じている．
  3) $\mathcal{E}$ は限定原始再帰法のもとで閉じている．

[*6] 関数 $f_{\sup}$ は $f_{\sup}(\vec{x},y) = g(\vec{x},y) \cdot c_{=0}(y)$ を満たすが掛け算は $\mathcal{F}_1$ 関数でないことに注意．

1) と 2) は例 2.2.3 より明らか．3) は補題 5.1.2 による．
- $\mathcal{E} \subseteq \mathcal{F}_2$ を示すには，$\mathcal{E}$ の再帰的定義に従い次のことを確かめればよい．
    1) $\mathcal{F}_2$ は，算術式で定義される関数をすべて含む．
    2) $\mathcal{F}_2$ は，総和演算と総積演算のもとで閉じている．すなわち，$f(\vec{x}, y)$ が $\mathcal{F}_2$ 関数なら $f_+(\vec{x}, y)$ と $f_\times(\vec{x}, y)$ も $\mathcal{F}_2$ 関数である．
    3) $\mathcal{F}_2$ は関数合成のもとで閉じている．

1) は例 5.3.3, 5.4.4, 5.5.2 を用いて算術式の構成に関する帰納法で示せる．2) と 3) は前補題と定義 5.3.1 による． □

5.6 階層 $\{\mathcal{F}_j\}$ とアッカーマン関数

関数 $H(j, y) \stackrel{\text{def}}{=} h_j(y)$ は計算可能だが原始再帰的でないことを定理 5.4.5 で見たが，4.3 節で触れたアッカーマン関数 $A : \mathbb{N}^2 \leadsto \mathbb{N}$ も同じ性質をもつことが知られている．本節ではアッカーマン関数と階層 $\{\mathcal{F}_j\}$ の関係を調べる．

注意 5.6.1. 前章で漸化式の例として紹介したアッカーマン関数 $A : \mathbb{N}^2 \leadsto \mathbb{N}$ の再帰的定義 (4.4) は次のように述べることもできる．

$$\begin{cases} A(0, y) \simeq y + 1, \\ A(x+1, 0) \simeq A(x, 1), \\ A(x+1, y+1) \simeq A(x, A(x+1, y)). \end{cases}$$

ここで，関数 A の第 1 変数 x を定数 j に固定して得られる 1 変数関数を A_j (すなわち，$A_j(y) \stackrel{\text{def}}{=} A(j, y)$) とおくと，各 j に対して関数 $A_j : \mathbb{N} \leadsto \mathbb{N}$ は原始再帰的関数であることが j に関する帰納法により容易に示せる．実際，$j = 0$ のとき $A_0(y) = y + 1$ より明らか．その他のとき，A_{j+1} は定数 $A_j(1)$ と関数 A_j を用いた原始再帰法

$$\begin{cases} A_{j+1}(0) \simeq A_j(1), \\ A_{j+1}(y+1) \simeq A_j(A_{j+1}(y)) \end{cases}$$

により定義されるため A_j が原始再帰的関数なら A_{j+1} もまた然りである.

なお,このことからアッカーマン関数 A が全域関数であることが直ちに知られる.実際,原始再帰的関数 A_j は全域関数である(演習問題 3.1)から,関数値 $A(j,y) = A_j(y)$ は常に値をもつ.

補題 5.6.2 (A_j の基本的性質). 任意の自然数 j, y について次が成り立つ.

1) $A_{j+1}(y) = A_j^{y+1}(1)$.
2) $y + j < A_j(y)$.
3) $A_j(y) < A_j(y+1) \le A_{j+1}(y)$ [*7].

証明

1) y に関する帰納法による.$y = 0$ のときは定義より明らか.それ以外のときは,A_{j+1} の定義と帰納法の仮定 $A_{j+1}(y) = A_j^{y+1}(1)$ より

$$A_{j+1}(y+1) = A_j(A_{j+1}(y)) = A_j(A_j^{y+1}(1)) = A_j^{y+2}(1).$$

2) $\forall j \forall y [y + j < A_j(y)]$ を j に関する帰納法で示す.$j = 0$ のとき $A_0(y) = y + 1$ より明らか.その他の場合,帰納法の仮定

$$\forall y [y + j < A_j(y)] \tag{5.8}$$

のもとで

$$\forall y [y + j + 1 < A_{j+1}(y)] \tag{5.9}$$

を y に関する帰納法で示す.まず,(5.8) より $1 + j < A_j(1) = A_{j+1}(0)$ であるから,$y = 0$ のとき (5.9) が成り立つ.その他の場合

$$(y+1) + j + 1 \le A_{j+1}(y) \quad y \text{ に関する帰納法の仮定より}$$
$$< A_j(A_{j+1}(y)) \quad (5.8) \text{ より}$$
$$= A_{j+1}(y+1).$$

[*7] したがって $A_j^k(y) = A_j^*(y, k)$ は $k > 0$ のとき y と j に関して単調増加である.

5.6 階層 $\{\mathcal{F}_j\}$ とアッカーマン関数

3) $A_j(y) < A_j(y+1)$ の証明は j に関する場合分けによる. $j = 0$ のとき $A_0(y) = y+1$ より明らか. その他の場合 $j = i+1$ とおくと 2) より

$$A_j(y) = A_{i+1}(y) < A_i(A_{i+1}(y)) = A_{i+1}(y+1) = A_j(y+1).$$

$A_j(y+1) \le A_{j+1}(y)$ の証明は y に関する場合分けによる. $y = 0$ のときは A_{j+1} の定義による. その他の場合 $y = z+1$ とおくと, 2) より $z + 2 \le A_{j+1}(z)$ であるからこれと上で示した A_j の単調性より $A_j(y+1) = A_j(z+2) \le A_j(A_{j+1}(z)) = A_{j+1}(z+1) = A_{j+1}(y)$. □

補題 5.6.3. 関数列 $\{A_j\}$ 中の $A_0(y) = y+1$ に続く五つの関数は次のとおりである.

1) $A_1(y) = y + 2$.
2) $A_2(y) = 2y + 3$.
3) $A_3(y) = 2^{y+3} - 3$.
4) $A_4(y) = \underbrace{2^{2^{\cdot^{\cdot^{\cdot^{2^2}}}}}}_{y+3} - 3$.
5) $A_5(y) = \underbrace{2^{2^{\cdot^{\cdot^{\cdot^{2^2}}}}} \Big\} 2^{2^{\cdot^{\cdot^{\cdot^{2^2}}}}} \Big\} \cdots {}^{2^{2^2}}\} 2}_{y+3} - 3$.

証明 1) と 2) は前補題の 1) による. 3) 以降は y に関する帰納法による. □

関数列 $\{A_j\}$ と 5.2 節で定義した関数列 $\{h_j\}$ のあいだに次の関係がある.

補題 5.6.4. $\forall j \forall y \, [2 h_j(y) \le A_{j+1}(2y)]$.

証明 j に関する帰納法による. $j = 0$ のときは前補題の 1) より明らか. その他のとき帰納法の仮定 $\forall y[2h_j(y) \le A_{j+1}(2y)]$ と A_{j+1} の単調性を繰り返し用いることにより

$$2\,h_{j+1}(y) = 2\,\overbrace{h_j(h_j(h_j(\cdots(h_j(y))\cdots)))}^{y}$$
$$\leq A_{j+1}(2\,h_j(h_j(\cdots(h_j(y))\cdots)))$$
$$\cdots$$
$$\leq \overbrace{A_{j+1}(A_{j+1}(\cdots(A_{j+1}(2\,y))\cdots))}^{y}$$
$$= A_{j+1}^{y}(2\,y). \tag{5.10}$$

一方，補題 5.6.3 と 5.6.2 より $2y < A_2(y) \leq A_{j+2}(y) = A_{j+1}^{y+1}(1)$ かつ A_{j+1} は単調増加であるから (5.10) の最後の項は次式を満たす．

$$A_{j+1}^{y}(2\,y) < A_{j+1}^{y}(A_{j+1}^{y+1}(1)) = A_{j+1}^{2y+1}(1) = A_{j+2}(2\,y). \tag{5.11}$$

よって (5.10) と (5.11) より $\forall y\,[2\,h_{j+1}(y) < A_{j+2}(2\,y)]$ を得る．□

この補題から階層 $\{\mathcal{F}_j\}$ における関数 A_j の位置が定まる．

定理 5.6.5. すべての j について $A_{j+2} \in \mathcal{F}_{j+1} - \mathcal{F}_j$.

証明 $A_{j+2} \in \mathcal{F}_{j+1}$ の証明は j に関する帰納法による．実際，$j = 0$ のとき $A_2(y) = 2y + 3 = h_1(y) + 3$ かつ $h_1 \in \mathcal{F}_1$ より $A_2 \in \mathcal{F}_1$. その他の場合，

$$A_{j+3}(y) = A_{j+2}^{y+1}(1) = A_{j+2}^{*}(1, y+1)$$

において，帰納法の仮定と系 5.4.2 より $A_{j+2}^{*} \in \mathcal{F}_{j+2}$. ゆえに $A_{j+3} \in \mathcal{F}_{j+2}$.

$A_{j+2} \notin \mathcal{F}_j$ は $j = 0$ のとき注意 5.3.6 より明らか．それ以外のときは背理法による．もし $A_{j+2} \in \mathcal{F}_j$ なら $2y \in \mathcal{F}_1 \subseteq \mathcal{F}_j$ より $A_{j+2}(2y) \in \mathcal{F}_j$ であるから，補題 5.3.5 の 2) より，十分大きなすべての y について $A_{j+2}(2y) < h_{j+1}(y)$. 一方，前補題よりすべての y について $2\,h_{j+1}(y) \leq A_{j+2}(2y)$ が成り立つ．ゆえにこの 2 式より十分大きなすべての y について $2\,h_{j+1}(y) \leq A_{j+2}(2y) < h_{j+1}(y)$ となり矛盾である．□

関数列 $\{A_j\}$ の先頭の二つの関数 A_0 と A_1 は明らかに $\mathcal{F}_0$ に属し，それ

に続く $A_2, A_3, A_4, \ldots$ はそれぞれ $\mathcal{F}_1 - \mathcal{F}_0, \mathcal{F}_2 - \mathcal{F}_1, \mathcal{F}_3 - \mathcal{F}_2, \ldots$ へと階層 $\{\mathcal{F}_j\}$ を一段ずつ上っていくことが前定理で示された.

また，前定理と 5.4 節の結果から次の事実が容易に導かれる．

系 5.6.6. アッカーマン関数 $A : \mathbb{N}^2 \to \mathbb{N}$ は原始再帰的関数ではない[*8)].

証明 背理法による．A がもし原始再帰的関数なら，定理 5.4.3 より A はある $\mathcal{F}_j$ に属する．すると，A と $\mathcal{F}_0 (\subseteq \mathcal{F}_j)$ 関数の合成関数である $A(j+2, y) = A_{j+2}(y)$ も $\mathcal{F}_j$ に属することになり前定理に反する． □

演 習 問 題

5.1 各 n について $\max_+(x_1, \ldots, x_n)$ は $\mathcal{F}_1$ 関数であることを確かめよ．

5.2 注意 5.3.6 の 2) で述べた $\mathcal{F}_0$ 関数の上界を確認し，$\max \notin \mathcal{F}_0$ を示せ．

5.3 $\mathcal{F}_2$ の再帰的定義 5.3.1 における初期関数 $h_1^*(x, y) = y \cdot 2^x$ を $\exp(x, y) = x^y$ で置き換えて得られる集合を $\mathcal{E}'$ とする．このとき $\mathcal{E}'$ は $\mathcal{F}_2 (= \mathcal{E})$ と等しいことを示せ．

5.4 $\mathcal{F}_1$ の再帰的定義 5.3.1 における初期関数 $h_0^*(x, y) = x + y$ を掛け算 $\text{mult}(x, y) = x \cdot y$ で置き換えて得られる集合（すなわち，零関数，後者関数，射影関数と掛け算を含み，合成と限定原始再帰法のもとで閉じた最小の集合）を $\mathcal{F}_{1.5}$ とする．このとき次が成り立つことを示せ[*9)].

(1) 足し算 $x + y$ は $\mathcal{F}_{1.5}$ に属する．

(2) $\mathcal{F}_1 \subseteq \mathcal{F}_{1.5} \subseteq \mathcal{F}_2$.

5.5 関数 $f(\vec{x})$ が前問の $\mathcal{F}_{1.5}$ に属するとき，ある多項式 $g(\vec{x})$ が存在して $\forall \vec{x}\, [f(\vec{x}) \leq g(\vec{x})]$ が成り立つことを示せ．

5.6

(1) h_2 は $\mathcal{F}_{1.5}$ に属さないことを示せ．

(2) $\mathcal{F}_1 \subset \mathcal{F}_{1.5} \subset \mathcal{F}_2$ を示せ．

5.7 述語 p の特性関数が $\mathcal{F}_{1.5}$ に属するとき，p を $\mathcal{F}_{1.5}$ 述語とよぶ．

(1) p と q が $\mathcal{F}_{1.5}$ 述語のとき，$\neg p$, $p \wedge q$, $p \vee q$ も $\mathcal{F}_{1.5}$ 述語であることを示せ．

[*8)] この事実の別証明については演習問題 5.13 を参照せよ．

[*9)] 演習問題 5.4〜5.9 は $\mathcal{F}_{1.5}$ に関する問である．

(2) $p(\vec{x}, y)$ が $\mathcal{F}_{1.5}$ 述語のとき,$\forall z < y\ [p(\vec{x}, z)]$ と $\exists z < y\ [p(\vec{x}, z)]$ も $\mathcal{F}_{1.5}$ 述語であることを示せ.

(3) $p(\vec{x}, y)$ が $\mathcal{F}_{1.5}$ 述語のとき,有界最小解関数 $\mu z < y\ [p(\vec{x}, z)]$ は $\mathcal{F}_{1.5}$ に属することを示せ.

5.8

(1) $f(\vec{x}, y)$ が $\mathcal{F}_{1.5}$ に属するとき,総和関数 $f_+(\vec{x}, y) \stackrel{\text{def}}{=} \sum_{z<y} f(\vec{x}, z)$ も $\mathcal{F}_{1.5}$ に属することを示せ.

(2) $f(\vec{x}, y)$ が $\mathcal{F}_{1.5}$ に属するとき,総積関数 $f_\times(\vec{x}, y) \stackrel{\text{def}}{=} \prod_{z<y} f(\vec{x}, z)$ は必ずしも $\mathcal{F}_{1.5}$ に属さないことを示せ.

5.9 演習問題 2.9 で述べた $\mathbb{N}^2$ から $\mathbb{N}$ の上へのコード関数 pair : $\mathbb{N}^2 \xrightarrow{\text{onto}} \mathbb{N}$ とそのデコード関数の各成分 left, right : $\mathbb{N} \to \mathbb{N}$ は $\mathcal{F}_{1.5}$ に属することを確かめよ.

5.10 $\mathcal{F}_\infty$ は原始再帰法のもとで閉じていることを示せ.

5.11 $f(y) \stackrel{\text{def}}{=} (\exp_2)^*(1, y) = \underbrace{2^{2^{\cdot^{\cdot^{\cdot^{2^2}}}}}}_{y}$ のとき,$f \in \mathcal{F}_3 - \mathcal{F}_2$ を示せ.

5.12 定理 5.4.5 の関数 $H(j, x) \stackrel{\text{def}}{=} h_j(x)$ は計算可能であることを示せ.

5.13 次の各項を順に示すことにより系 5.6.6 の別証明を示せ.

(1) 任意の自然数 j, j' に対してある j'' が存在して $\forall y\ [A_j(A_{j'}(y)) \leq A_{j''}(y)]$ が成り立つ.

(2) 任意の原始再帰的関数 f に対してある自然数 j が存在して $\forall \vec{x}\ [f(\vec{x}) \leq A_j(\max_+(\vec{x}))]$ を満たす.

(3) アッカーマン関数 A は原始再帰的関数でない.

第6章 loop プログラムと階層 $\{\mathcal{F}_j\}$

本章では，Ver.0 の while プログラムにある制限を加えることにより「loop プログラム」を導入し，loop プログラムで関数を計算するさい必要な「loop の深さ」に注目して新たに関数の階層 $\{\mathcal{L}_j\}$ を定義する．そしてこの階層 $\{\mathcal{L}_j\}$ と前章で考察した階層 $\{\mathcal{F}_j\}$ の関係を調べる．

6.1 諸 定 義

Ver.0 の while プログラムの文にある種の制限を加えたものを「loop プログラムの文」とよび，それを使って「loop プログラム」を定義する．

定義 6.1.1（loop プログラムと loop プログラムの文）． s が loop プログラムの文のとき

$$\text{input}(\vec{x});\ s;\ \text{output}(y)$$

を loop プログラムとよび， s をその**本体**（body）とよぶ．ただし，loop プログラムの文の再帰的定義は以下のとおりである．

1) Ver.0 の while プログラムの代入文

$$\text{x} := 0 \quad \text{と} \quad \text{x} := \text{x} + 1$$

（ただし x は任意の変数とする）は loop プログラムの（代入）文である．

2) 有限個の loop プログラムの文 $s_1, s_2, \ldots, s_n$ （ただし $n \geq 0$）をセミコ

ロンで区切って並べた列

$$s_1;\ s_2;\ldots;\ s_n$$

は loop プログラムの（複合）文である．特に 0 個の文を並べた列を**空文**という．

3) x, y が変数で s, s' が loop プログラムの文のとき，

if x = y then $[s]$ else $[s']$

は loop プログラムの（if）文である．

4) x′, x″ がそれまでに現れない新しい変数で，s が変数 x′, x″ を含まない loop プログラムの文のとき

x′ := x; x″ := 0; while x′ ≠ x″ do $[s;$ x″ := x″ + 1$]$

を簡潔に

loop x do $[s]$

で表したもの[*1)]は loop プログラムの（loop）文である．

5) 上記以外は loop プログラムの文ではない．

定義 6.1.2（loop プログラムの深さと集合列 $\{\mathcal{L}_j\}$）．はじめに，loop プログラムの文 s の（loop の）深さ $\mathrm{d}(s)$ を次のように定める．

1) s が代入文のとき，$\mathrm{d}(s) = 0$．
2) s が複合文 $s_1; s_2; \ldots; s_n$ のとき，$\mathrm{d}(s) = \max(\mathrm{d}(s_1), \ldots, \mathrm{d}(s_n), 0)$ [*2)]．
3) s が if 文　if x = y then $[s']$ else $[s'']$ のとき，$\mathrm{d}(s) = \max(\mathrm{d}(s'), \mathrm{d}(s''))$．
4) s が loop 文　loop x do $[s']$ のとき，$\mathrm{d}(s) = \mathrm{d}(s') + 1$．

[*1)] すなわち，この文を実行する<u>直前の</u>変数 x の値が a のとき，loop x do $[s]$ によって s が a 回繰り返し実行される．よって s の中で変数 x の値を変えることは自由だが，それによって s を繰り返す回数が途中で変わることはない．

[*2)] 特に s が空文のとき $\mathrm{d}(s) = 0$ である．

P が loop プログラムのとき，その本体の loop の深さを P の（loop の）深さといい $\mathrm{d}(P)$ で表す．また，loop の深さが j 以下の loop プログラムで計算できる関数の全体，すなわち $\{\varphi_P \mid P \text{ は深さ } j \text{ 以下の loop プログラム}\}$ を $\mathcal{L}_j$ で表す[*3]．前章と同様に，集合 $\mathcal{L}_j$ に属する関数を $\mathcal{L}_j$ 関数といい，述語 p の特性関数が $\mathcal{L}_j$ に属するとき p を $\mathcal{L}_j$ 述語という．

例 6.1.3.

1) 自然数の足し算は次の loop プログラムで計算できる．

$$\begin{aligned}&\text{input(x, y);}\\&\text{z := 0; loop x do [z := z+1];}\\&\text{loop y do [z := z+1];}\\&\text{output (z)}\end{aligned}$$

実際，2 行目と 3 行目でそれぞれ z := x と z := z + y に相当する計算が行われるから，両者を合わせて z := x + y に相当する計算が行われる．また，この loop プログラムの深さは 1 であるから足し算は $\mathcal{L}_1$ に属する．

2) 同様に，自然数の掛け算は loop プログラム

$$\begin{aligned}&\text{input(x, y);}\\&\text{z := 0;}\\&\text{loop x do [loop y do [z:=z+1]];}\\&\text{output(z)}\end{aligned}$$

で計算される．また，このプログラムの loop の深さは 2 であるから，掛け算は $\mathcal{L}_2$ に属する．

3) 各 j について 5.2 節で定義した関数 $h_j : \mathbb{N} \to \mathbb{N}$ は $\mathcal{L}_j$ に属することを j に関する帰納法で示そう．まず，$h_0(x) = x + 1$ は，深さが 0 で，入

[*3] 定義より明らかに集合の列 $\{\mathcal{L}_j\}$ は集合の包含関係に関して単調非減少であるが，単調増加でもあること（つまり $\{\mathcal{L}_j\}$ が階層をなすこと）については後述する．

力変数と出力変数が等しい次の loop プログラムで明らかに計算できる.

$$\text{input}(x);\ x := x+1;\ \text{output}(x)$$

次に,帰納法の仮定により $h_j(x)$ を計算する深さ j の loop プログラムで入力変数と出力変数が等しいものの本体を $\underline{x := h_j(x)}$ とすると

$$\text{input}(x);\ \text{loop}\ x\ \text{do}\ [\underline{x := h_j(x)}];\ \text{output}(x)$$

は $h_{j+1}(x) = h_j^x(x)$ を計算し,深さが $j+1$ で,入力変数と出力変数が等しい loop プログラムである.以上で,各 j について h_j が $\mathcal{L}_j$ に属することが示された.

4) 上と同様の考え方に従い,3) で得た深さ j の loop プログラムの本体 $\underline{x := h_j(x)}$ を使って $h_j^*(x,y) = h_j^y(x)$ を計算する深さ $j+1$ の loop プログラムが作れる.よって各 j について h_j^* は $\mathcal{L}_{j+1}$ に属する.なお,k が定数のとき $h_j^k = \overbrace{h_j \circ h_j \circ \cdots \circ h_j}^{k}$ は $\mathcal{L}_j$ に属する[*4].

定義 6.1.4. n 入力の loop プログラム P に対して次の 2 条件を満たす n 入力の loop プログラム P_{time} を P の**時間計測プログラム**とよぶ[*5].

1) P と P_{time} に同じ入力データを与えると,P が出力結果を出すときかつそのときに限り,P がその計算に要した**ステップ数**(すなわち,代入命令と判定命令の総実行回数)を P_{time} は出力する.
2) P と P_{time} の loop の深さは等しい.

また,P_{time} によって計算される関数 $\varphi_{P_{\text{time}}}$ を τ_P で表す.

[*4] 例えば関数 h_j^2 は loop プログラム input(x); $\underline{x := h_j(x)}$; $\underline{x := h_j(x)}$; output(x) で計算できる.

[*5] 演習問題 6.2 に P_{time} の例を示す.

6.2 loop プログラムの深さ vs. 計算時間

本節では,各 j について関数が集合 $\mathcal{L}_j$ に属するための必要十分条件を示し,次節でそれをもとに $\{\mathcal{L}_j\}$ と $\{\mathcal{F}_j\}$ の関係を調べる.

定義 6.2.1. s を loop プログラムの文, $\vec{\mathsf{x}} = (\mathsf{x}_1, \mathsf{x}_2, \ldots, \mathsf{x}_m)$ を s 中に現れるすべての変数を含む変数列とする.そのとき,s の実行によって $\vec{\mathsf{x}}$ の値がどう変わるかを示す関数 $\sigma_{s,\vec{\mathsf{x}}} : \mathbb{N}^m \to \mathbb{N}^m$, つまり s の実行により $\vec{\mathsf{x}}$ の値が $(a_1, a_2, \ldots, a_m)$ から $(b_1, b_2, \ldots, b_m)$ に変化するとき $\sigma_{s,\vec{\mathsf{x}}}(a_1, a_2, \ldots, a_m) = (b_1, b_2, \ldots, b_m)$ である関数 $\sigma_{s,\vec{\mathsf{x}}}$ を s による $\vec{\mathsf{x}}$ に関する**状態遷移関数** (state transition function) とよぶ.また,これまで 1 変数関数に対してのみ反復関数を定義したが,状態遷移関数 $\sigma_{s,\vec{\mathsf{x}}} : \mathbb{N}^m \to \mathbb{N}^m$ の反復関数 $\sigma^*_{s,\vec{\mathsf{x}}} : \mathbb{N}^m \times \mathbb{N} \to \mathbb{N}^m$ を

$$\begin{cases} \sigma^*_{s,\vec{\mathsf{x}}}(\vec{x}, 0) = \vec{x}, \\ \sigma^*_{s,\vec{\mathsf{x}}}(\vec{x}, y+1) = \sigma_{s,\vec{\mathsf{x}}}(\sigma^*_{s,\vec{\mathsf{x}}}(\vec{x}, y)) \end{cases}$$

により定め, $\sigma^*_{s,\vec{\mathsf{x}}}(\vec{x}, y)$ を $\sigma^y_{s,\vec{\mathsf{x}}}(\vec{x})$ または $\overbrace{\sigma_{s,\vec{\mathsf{x}}}(\sigma_{s,\vec{\mathsf{x}}}(\cdots(\sigma_{s,\vec{\mathsf{x}}}(\vec{x})))\cdots)}^{y}$ とも書く.

注意 6.2.2. 状態遷移関数 $\sigma_{s,\vec{\mathsf{x}}} : \mathbb{N}^m \to \mathbb{N}^m$ の各 $\vec{x} \in \mathbb{N}^n$ に対する値 $\sigma_{s,\vec{\mathsf{x}}}(\vec{x})$ は s の構成に関して再帰的に次のように定義することができる.

1) s が代入文のとき

$$\sigma_{\mathsf{x}_i := 0, \vec{\mathsf{x}}}(\vec{x}) = (x_1, \ldots, x_{i-1}, 0, x_{i+1}, \ldots, x_m),$$
$$\sigma_{\mathsf{x}_i := \mathsf{x}_i + 1, \vec{\mathsf{x}}}(\vec{x}) = (x_1, \ldots, x_{i-1}, x_i + 1, x_{i+1}, \ldots, x_m).$$

2) s が複合文 $s_1; s_2; \ldots; s_n$ のとき $\sigma_{s,\vec{\mathsf{x}}}(\vec{x}) = \sigma_{s_n, \vec{\mathsf{x}}}(\cdots(\sigma_{s_2, \vec{\mathsf{x}}}(\sigma_{s_1, \vec{\mathsf{x}}}(\vec{x})))\cdots)$.
   ただし s が空文のときは $\sigma_{s,\vec{\mathsf{x}}}(\vec{x}) = \vec{x}$.

3) s が if $\mathsf{x}_i = \mathsf{x}_{i'}$ then $[s']$ else $[s'']$ のとき

$$\sigma_{s,\vec{x}}(\vec{x}) = \begin{cases} \sigma_{s',\vec{x}}(\vec{x}) & x_i = x_{i'} \text{ のとき}, \\ \sigma_{s'',\vec{x}}(\vec{x}) & x_i \neq x_{i'} \text{ のとき}. \end{cases}$$

4) s が loop x_i do $[s']$ のとき

$$\sigma_{s,\vec{x}}(\vec{x}) = \overbrace{\sigma_{s',\vec{x}}(\sigma_{s',\vec{x}}(\cdots(\sigma_{s',\vec{x}}(\vec{x})))\cdots)}^{x_i} = \sigma_{s',\vec{x}}^{*}(\vec{x}, x_i).$$

補題 6.2.3. s が loop プログラムの文で $\mathrm{d}(s) = j$ のとき, s による $\vec{x}$ に関する状態遷移関数 $\sigma_{s,\vec{x}}$ は次式を満たす.

$$\exists k \in \mathbb{N} \, \forall \vec{x} \in \mathbb{N}^m \, [\max{}_+(\sigma_{s,\vec{x}}(\vec{x})) \leq h_j^k(\max{}_+(\vec{x}))]$$

証明 loop プログラムの文 s の構成に関する帰納法による.

1) s が代入文のとき, $\max_+(\sigma_{s,\vec{x}}(\vec{x})) \leq \max_+(\vec{x}) + 1 = h_0(\max_+(\vec{x}))$ と $\mathrm{d}(s) = 0$ による.

2) s が複合文 $s_1;s_2$ のとき, $\mathrm{d}(s_1), \mathrm{d}(s_2) \leq \mathrm{d}(s) = j$ と帰納法の仮定および h_j^k の単調性より, ある k が存在してすべての $\vec{x}$ について $\max_+(\sigma_{s_i,\vec{x}}(\vec{x})) \leq h_j^k(\max_+(\vec{x}))$ $(i=1,2)$ が成り立つから

$$\begin{aligned}\max{}_+(\sigma_{s,\vec{x}}(\vec{x})) &= \max{}_+(\sigma_{s_2,\vec{x}}(\sigma_{s_1,\vec{x}}(\vec{x}))) \\ &\leq h_j^k(\max{}_+(\sigma_{s_1,\vec{x}}(\vec{x}))) \\ &\leq h_j^k(h_j^k(\max{}_+(\vec{x}))) = h_j^{2k}(\max{}_+(\vec{x})).\end{aligned}$$

s が空文以外の複合文の場合も同様である. 一方, s が空文のとき $\mathrm{d}(s) = 0$ かつ $\max_+(\sigma_{s,\vec{x}}(\vec{x})) = \max_+(\vec{x}) = h_0^0(\max_+(\vec{x}))$.

3) s が if 文のとき, 帰納法の仮定と上の注意および h_j^k の単調性より明らか.

4) s が loop x_i do $[s']$ のとき, $\mathrm{d}(s) = j = \mathrm{d}(s') + 1$ および帰納法の仮定と補題 5.2.2 より, 十分大きな k に対して次が成り立つ.

6.2 loop プログラムの深さ vs. 計算時間

$$\max_+(\sigma_{s,\vec{x}}(\vec{x})) = \max_+(\overbrace{\sigma_{s',\vec{x}}(\sigma_{s',\vec{x}}(\cdots(\sigma_{s',\vec{x}}(\vec{x}))\cdots)))}^{x_i}$$
$$\leq h_{j-1}^k(\max_+(\sigma_{s',\vec{x}}(\cdots(\sigma_{s',\vec{x}}(\vec{x}))\cdots)))$$
$$\cdots$$
$$\leq \overbrace{h_{j-1}^k(h_{j-1}^k(\cdots(h_{j-1}^k(\max_+(\vec{x})))\cdots))}^{x_i}$$
$$= h_{j-1}^{k \cdot x_i}(\max_+(\vec{x}))$$
$$\leq h_{j-1}^{k \cdot \max_+(\vec{x})}(\max_+(\vec{x}))$$
$$\leq h_j^k(\max_+(\vec{x})) \quad \text{補題 5.2.2 の 4) より. } \square$$

系 6.2.4. P が n 入力の loop プログラムでその深さが j のとき
1) $\exists k \in \mathbb{N} \, \forall \vec{x} \in \mathbb{N}^n \, [\varphi_P(\vec{x}) \leq h_j^k(\max_+(\vec{x}))]$,
2) $\exists k \in \mathbb{N} \, \forall \vec{x} \in \mathbb{N}^n \, [\tau_P(\vec{x}) \leq h_j^k(\max_+(\vec{x}))]$.

証明
1) P の入力変数を $\vec{x} = (\mathsf{x}_1, \mathsf{x}_2, \ldots, \mathsf{x}_n)$, P の中に現れるすべての変数の列を $(\vec{x}, \mathsf{x}_{n+1}, \mathsf{x}_{n+2}, \ldots, \mathsf{x}_m)$, P の本体を s とする. そのとき, 前補題よりある k が存在して

$$\varphi_P(\vec{x}) \leq \max_+(\sigma_{s,(\vec{x}, \mathsf{x}_{n+1}, \ldots, \mathsf{x}_m)}(\vec{x}, 0, \ldots, 0))$$
$$\leq h_j^k(\max_+(\vec{x}, 0, \ldots, 0))$$
$$= h_j^k(\max_+(\vec{x})).$$

2) P の時間計測プログラム P_{time} は P と同じ深さの loop プログラムで P と同じ入力変数をもつから, 1) よりある k が存在してすべての $\vec{x} \in \mathbb{N}^n$ に対して $\tau_P(\vec{x}) = \varphi_{P_{\text{time}}}(\vec{x}) \leq h_j^k(\max_+(\vec{x}))$. $\square$

例 6.2.5. $\text{add} \in \mathcal{L}_1 - \mathcal{L}_0$ かつ $\text{mult} \in \mathcal{L}_2 - \mathcal{L}_1$.

証明 前章の注意 5.3.6 で補題 5.3.5 から $\text{add} \notin \mathcal{F}_0$ を導いたが, それと同様にして系 6.2.4 の 1) から $\text{add} \notin \mathcal{L}_0$ が示せる. $\text{mult} \notin \mathcal{L}_1$ についても同様であ

る．一方，add $\in \mathcal{L}_1$ と mult $\in \mathcal{L}_2$ は例 6.1.3 による． □

次に，$j \geq 1$ のとき系 6.2.4 の条件 2) から $\varphi_P \in \mathcal{L}_j$ が導かれることを示す．

補題 6.2.6. loop プログラム P がある関数 $g \in \mathcal{L}_j$ に対して

$$\forall \vec{x} \in \mathbb{N}^n \ [\tau_P(\vec{x}) \leq g(\max_+(\vec{x}))]$$

を満たすとき，φ_P は $\mathcal{L}_{\max(j,1)}$ に属する．

証明 loop プログラム P を N プログラムの形で（つまり，入出力命令と代入/判定命令からなる有向グラフとして）表し，定理 1.3.1 の証明と同様に入力命令以外のすべての命令を $A_0, A_1, \ldots, A_k$（ただし，入力命令の次に実行する命令を A_0，出力命令を A_k）とする．また，P の入力変数を $\vec{x} = (x_1, x_2, \ldots, x_n)$，出力変数を x_l とする．このとき，loop プログラム Q を基本的に定理 1.3.1 の証明における P'（図 1.7）と同様の考え方に従い（ただし P' では while 文を使って繰り返し計算を行っているところをここでは loop 文を使って）次のように構成する．

Q : input($\vec{x}$); u := 0;

v := $g(\max_+(\vec{x}))$;

loop v do

[if u = 0 then [P_0] else

[if u = 1 then [P_1] else

$\cdots$

[if u = k - 1 then [P_{k-1}] else [ ]] $\cdots$]];

output(x_l)

ここで，v は P で使われていない新しい変数であり，2 行目の v := $g(\max_+(\vec{x}))$ は入力変数の値 $\vec{x}$ を保存しながら $g(\max_+(\vec{x}))$ を計算して結果を変数 v に代入する．深さ $\max(j,1)$ の loop プログラム[*6] の本体を表す．また，各 $i < k$

[*6] n 変数関数 $\max_+(x_1, \ldots, x_n)$ は $\mathcal{L}_1$ に属する（演習問題 6.1 を参照）から，$g \circ \max_+ : \mathbb{N}^n \to \mathbb{N}$ は $\mathcal{L}_{\max(j,1)}$ に属する．

に対して P_i は定理 1.3.1 の場合と同じく次のように定める.

- A_i が代入命令で,P において A_i の次に実行される命令が $A_{i'}$ のとき,P_i は複合文 $A_i;\ \underline{\mathsf{u}:=i'}$ を表す[*7].
- A_i が判定命令で,その判定条件 x = y の真偽に応じて次に実行される命令がそれぞれ $A_{i'}, A_{i''}$ のとき,P_i は if x = y then $[\underline{\mathsf{u}:=i'}]$ else $[\underline{\mathsf{u}:=i''}]$ を表す.

このように構成された loop プログラム Q は入力データ $\vec{x} \in \mathbb{N}^n$ に対して P が行うのと同じ一連の動作を(高々 $g(\max_+(\vec{x}))$ ステップ分)実行するプログラムで,その loop の深さは $\max(j,1)$ である.よって,$\varphi_P = \varphi_Q \in \mathcal{L}_{\max(j,1)}$ が成り立つ. □

系 6.2.7. $j \geq 1$ のとき任意の $f : \mathbb{N}^n \to \mathbb{N}$ に対して次が成り立つ.

$$f \in \mathcal{L}_j \iff f \text{ は } \exists k \forall \vec{x}\, [\tau_P(\vec{x}) \leq h_j^k(\max_+(\vec{x}))] \text{ を}$$
$$\text{満たす loop プログラム } P \text{ で計算できる}.$$

証明 各 j について $\Longrightarrow$ が系 6.2.4 で示され,$j \geq 1$ のとき $\Longleftarrow$ が $h_j^k \in \mathcal{L}_j$(例 6.1.3)と前補題から導かれる. □

6.3 階層 $\{\mathcal{L}_j\}$ と $\{\mathcal{F}_j\}$

本節では,$j \geq 2$ のとき $\mathcal{L}_j = \mathcal{F}_j$ が成り立つことを示す.そのための準備としてまず $\mathcal{L}_j$ の次の性質を確認する.

補題 6.3.1. $j \geq 2$ のとき $\mathcal{L}_j$ は限定原始再帰法のもとで閉じている.

証明 関数 $f : \mathbb{N}^{n+1} \to \mathbb{N}$ が $\mathcal{L}_j$ 上の限定原始再帰法で得られるとする.すなわち,f はある関数 $g, g', g'' \in \mathcal{L}_j$ に対して次を満たすとする.

[*7] ただし,自然数 a に対して $\underline{\mathsf{u}:=a}$ は複合文 $\mathsf{u}:=0;\ \overbrace{\mathsf{u}:=\mathsf{u}+1;\ldots;\mathsf{u}:=\mathsf{u}+1}^{a}$ を表す.

$$\begin{cases} f(\vec{x},0) = g(\vec{x}), \\ f(\vec{x},y+1) = g'(\vec{x},y,f(\vec{x},y)), \\ f(\vec{x},y) \le g''(\vec{x},y). \end{cases}$$

ここで $g \in \mathcal{L}_j$ より $g(\vec{x})$ を計算する深さ j 以下の loop プログラムで入力変数の値を保存するものがある[*8)]からその一つを

$$P: \quad \mathsf{input}(\vec{x});\ \mathsf{v} := g(\vec{x});\ \mathsf{output}(\mathsf{v})$$

とする．また，$g' \in \mathcal{L}_j$ より $g'(\vec{x},u,z)$ を計算する深さ j 以下の loop プログラムで入力変数の値を保存するものがあるからその一つを

$$P': \quad \mathsf{input}(\vec{x},\mathsf{u},\mathsf{v});\ \mathsf{z} := g'(\vec{x},\mathsf{u},\mathsf{v});\ \mathsf{output}(\mathsf{z})$$

とする．すると，f はこれらの loop プログラムの本体を使った次の loop プログラム R で計算することができる[*9)]．

$$\begin{aligned}
R: \ & \mathsf{input}(\vec{x},\mathsf{y}); \\
& \mathsf{u} := 0;\ \mathsf{v} := g(\vec{x}); \\
& \mathsf{loop\ y\ do}\ [\mathsf{z} := g'(\vec{x},\mathsf{u},\mathsf{v});\ \mathsf{u} := \mathsf{u}+1;\ \mathsf{v} := \mathsf{z}]; \\
& \mathsf{output}(\mathsf{v})
\end{aligned}$$

ここで明らかに $\mathrm{d}(R) \le j+1$ より $f \in \mathcal{L}_{j+1}$ であるが，以下で R の計算に必要なステップ数を詳しく調べることにより $f \in \mathcal{L}_j$ が成り立つことを示す．

そのために，$g, g', g'' \in \mathcal{L}_j$ と系 6.2.4 および h_j^k の単調性より，ある k が存在して次が成り立つことにまず注意する．

$$\begin{aligned}
\tau_P(\vec{x}) &\le h_j^k(\max{}_+(\vec{x})), \\
\tau_{P'}(\vec{x},u,v) &\le h_j^k(\max{}_+(\vec{x},u,v)), \\
g''(\vec{x},u) &\le h_j^k(\max{}_+(\vec{x},u)).
\end{aligned}$$

[*8)] loop プログラムで変数の値をほかの変数にコピーするには 1 重の loop で十分なことに注意（例 6.1.3 の 1) を参照）．

[*9)] 実際，R の入力データが $(\vec{x},y)$ で，$y=0$ のとき，R は loop をまわらずに $v = g(\vec{x}) = f(\vec{x},0)$ を出力し，$y > 0$ のとき R は loop を y 回まわって $v = f(\vec{x},y)$ を出力する．

また，R の計算に必要なステップ数を考える上で重要な 3 行目の loop 文における $\underline{\mathsf{z} := g'(\vec{\mathsf{x}}, \mathsf{u}, \mathsf{v})}$ の部分を計算するさい，変数 $\vec{\mathsf{x}}, \mathsf{u}, \mathsf{v}$ の値 $\vec{x}, u, v$ のあいだに $v = f(\vec{x}, u) \leq g''(\vec{x}, u) \leq h_j^k(\max_+(\vec{x}, u))$ の関係が常に成り立つ．したがって，この部分を 1 回計算するのに要するステップ数について h_j^k の単調性より次が成り立つ．

$$\tau_{P'}(\vec{x}, u, f(\vec{x}, u)) \leq h_j^k(\max_+(\vec{x}, u, f(\vec{x}, u)))$$
$$\leq h_j^k(\max_+(\vec{x}, u, h_j^k(\max_+(\vec{x}, u))))$$
$$= h_j^{2k}(\max_+(\vec{x}, u)).$$

その結果，$j \geq 2$ のとき R の計算に必要なステップ数は，ある定数 c_0, c_1, c が存在してすべての $\vec{x}, y$ に対して

$$\tau_R(\vec{x}, y) = \tau_P(\vec{x}) + c_0 + \sum_{u < y}(\tau_{P'}(\vec{x}, u, f(\vec{x}, u)) + c_1)$$
$$\leq h_j^k(\max_+(\vec{x})) + c_0 + \sum_{u<y}(h_j^{2k}(\max_+(\vec{x}, u)) + c_1)$$
$$\leq h_0^{c_0}(h_j^k(\max_+(\vec{x}))) + y \cdot (h_0^{c_1}(h_j^{2k}(\max_+(\vec{x}, y))))$$
$$\leq h_j^{c_0+k}(\max_+(\vec{x})) + h_2(h_j^{c_1+2k}(\max_+(\vec{x}, y)))^{*10)}$$
$$\leq h_j^{c+2k}(\max_+(\vec{x}, y))$$

を満たす．よって，系 6.2.7 より補題が導かれる．□

系 6.3.2. $j \geq 2$ のとき $\mathcal{F}_j \subseteq \mathcal{L}_j$．
証明 集合 $\mathcal{F}_j$ の構成に関する帰納法による．まず，$\mathcal{F}_j$ の初期関数のうち零関数，後者関数，射影関数は明らかに $\mathcal{L}_0 \,(\subseteq \mathcal{L}_j)$ に属する．また，h_{j-1}^* は例 6.1.3 の 4) より $\mathcal{L}_j$ に属する．次に，$\mathcal{L}_j$ が関数合成のもとで閉じていることは，例えば定理 2.3.1 の証明の 3) と同様にして示せる．また，前補題より $j \geq 2$ のとき $\mathcal{L}_j$ は限定原始再帰法のもとで閉じている．よって系が成り立つ． □

[*10)] 一般に $y \leq z$ のとき $y \cdot z \leq h_2(z)$ であることに注意．

$j \geq 2$ のとき $\mathcal{L}_j \subseteq \mathcal{F}_j$ も成り立つことを次に示す.そのために定理 2.5.2 で用いた考え方(すなわち,プログラムの進行に伴い各変数の値がどう変化するかを直接追跡する代わりに,それらをコード化した値の変化に注目する方法)を採用する.そのさい議論の要となるのが次の補題である.

補題 6.3.3. s を深さ j の loop プログラムの文,$\vec{x} = (x_1, \ldots, x_m)$ を s 中のすべての変数を含む長さ 1 以上の変数列,$G : \mathbb{N}^m \to \mathbb{N}$ を同型なコード関数[*11]とする.そのとき,状態遷移関数 $\sigma_{s,\vec{x}} : \mathbb{N}^m \to \mathbb{N}^m$ に対してある $\mathcal{F}_{\max(j,2)}$ 関数 $f_{s,\vec{x}} : \mathbb{N} \to \mathbb{N}$ が存在して $G \circ \sigma_{s,\vec{x}} = f_{s,\vec{x}} \circ G$ が成り立つ.

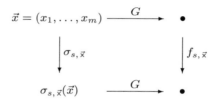

証明 loop プログラムの文 s の構成に関する帰納法による.

1) s が代入文のとき,$d(s) = 0$ で,$\sigma_{s,\vec{x}}$ は $x_1, x_2, \ldots, x_m$ 以外の変数を含まない算術式 $t_1, t_2, \ldots, t_m$ を用いて $\sigma_{s,\vec{x}}(x_1, x_2, \ldots, x_m) = (t_1, t_2, \ldots, t_m)$ と表される.すると,補題 2.5.1 より $G \circ \sigma_{s,\vec{x}} = f_{s,\vec{x}} \circ G$ を満たす初等関数 $f_{s,\vec{x}}$ があり[*12],$f_{s,\vec{x}}$ は $\mathcal{F}_2 \, (= \mathcal{F}_{\max(0,2)})$ に属する.

2) s が空文のとき,$f_{s,\vec{x}} = p_{1,1}$ は明らかに条件を満たす.s がそれ以外の複合文,例えば $s_1 ; s_2$ の場合,$\sigma_{s,\vec{x}} = \sigma_{s_2,\vec{x}} \circ \sigma_{s_1,\vec{x}}$ かつ $d(s_i) \leq j \, (i = 1, 2)$.このとき,帰納法の仮定より $G \circ \sigma_{s_i,\vec{x}} = f_{s_i,\vec{x}} \circ G$ を満たす $\mathcal{F}_{\max(j,2)}$ 関数 $f_{s_i,\vec{x}} : \mathbb{N} \to \mathbb{N} \, (i = 1, 2)$ があるからそれをもとに $f_{s,\vec{x}} \stackrel{\text{def}}{=} f_{s_2,\vec{x}} \circ f_{s_1,\vec{x}}$

[*11] すなわち,G は $\mathbb{N}^m$ から $\mathbb{N}$ への同型写像で,しかも G とその逆写像 $G^{-1} = (G_1, G_2, \ldots, G_m) : \mathbb{N} \to \mathbb{N}^m$ の各成分 $G_1, G_2, \ldots, G_m : \mathbb{N} \to \mathbb{N}$ はすべて初等関数である.この性質をもつ関数 G の例については演習問題 2.9 を見よ.

[*12] このとき,関数 $g_i : \mathbb{N}^m \to \mathbb{N} \, (i = 1, 2, \ldots, m)$ を $g_i(x_1, x_2, \ldots, x_m) = t_i$ で定義すると,$g_1, g_2, \ldots, g_m$ は初等関数で $G \circ \sigma_{s,\vec{x}} = G \circ (g_1, g_2, \ldots, g_m)$ を満たすことに注意.

6.3 階層 $\{\mathcal{L}_j\}$ と $\{\mathcal{F}_j\}$

とおくと，$f_{s,\vec{x}} \in \mathcal{F}_{\max(j,2)}$ および

$$G \circ \sigma_{s,\vec{x}} = G \circ \sigma_{s_2,\vec{x}} \circ \sigma_{s_1,\vec{x}}$$
$$= f_{s_2,\vec{x}} \circ G \circ \sigma_{s_1,\vec{x}}$$
$$= f_{s_2,\vec{x}} \circ f_{s_1,\vec{x}} \circ G = f_{s,\vec{x}} \circ G$$

が成り立つ．その他の複合文の場合も同様である．

3) s が if 文，例えば if $x_1 = x_2$ then $[s']$ else $[s'']$ の場合，

$$\sigma_{s,\vec{x}}(\vec{x}) = \begin{cases} \sigma_{s',\vec{x}}(\vec{x}) & x_1 = x_2 \text{ のとき}, \\ \sigma_{s'',\vec{x}}(\vec{x}) & x_1 \neq x_2 \text{ のとき}. \end{cases}$$

ここで $d(s'), d(s'') \le d(s) = j$，かつ帰納法の仮定から $G \circ \sigma_{s',\vec{x}} = f_{s',\vec{x}} \circ G$ と $G \circ \sigma_{s'',\vec{x}} = f_{s'',\vec{x}} \circ G$ を満たす $\mathcal{F}_{\max(j,2)}$ 関数 $f_{s',\vec{x}}, f_{s'',\vec{x}} : \mathbb{N} \to \mathbb{N}$ がある．そのとき

$$f_{s,\vec{x}}(w) \stackrel{\text{def}}{=} \begin{cases} f_{s',\vec{x}}(w) & G_1(w) = G_2(w) \text{ のとき}, \\ f_{s'',\vec{x}}(w) & G_2(w) \neq G_2(w) \text{ のとき} \end{cases}$$
$$= \text{case}(f_{s',\vec{x}}(w), f_{s'',\vec{x}}(w),\ c_=(G_1(w), G_2(w)))$$

において $c_= \in \mathcal{F}_0$ かつ case $\in \mathcal{F}_2$ であるから，$f_{s,\vec{x}}$ は $\mathcal{F}_{\max(j,2)}$ に属し，かつ $G \circ \sigma_{s,\vec{x}} = f_{s,\vec{x}} \circ G$ を満たす．一般の if 文の場合も同様である．

4) s が loop x_i do $[s']$ の場合，$d(s) = d(s') + 1$ かつ

$$\sigma_{s,\vec{x}}(\vec{x}) = \overbrace{\sigma_{s',\vec{x}}(\cdots(\sigma_{s',\vec{x}}(\sigma_{s',\vec{x}}(\vec{x})))\cdots)}^{x_i} = \sigma_{s',\vec{x}}^{x_i}(\vec{x}).$$

ここで，帰納法の仮定より $G \circ \sigma_{s',\vec{x}} = f_{s',\vec{x}} \circ G$ を満たす 1 変数関数 $f_{s',\vec{x}} \in \mathcal{F}_{\max(j-1,2)}$ があり，この性質を（複合文の場合と同様に）繰り返し適用することにより，任意の k について

$$G \circ \sigma_{s',\vec{x}}^k = f_{s',\vec{x}}^k \circ G \tag{6.1}$$

が成り立つ．そこでこの関数 $f_{s',\vec{x}}$ の反復関数 $f_{s',\vec{x}}^*$ と G の逆関数

$G^{-1} = (G_1, G_2, \ldots, G_m)$ の第 i 成分 G_i を使って

$$f_{s,\vec{x}}(w) \stackrel{\text{def}}{=} f^*_{s',\vec{x}}(w, G_i(w))$$

とおく．すると，任意の $\vec{x} = (x_1, x_2, \ldots, x_m) \in \mathbb{N}^m$ に対して (6.1) より

$$G(\sigma_{s,\vec{x}}(\vec{x})) = G(\sigma^{x_i}_{s',\vec{x}}(\vec{x})) = f^{x_i}_{s',\vec{x}}(G(\vec{x})) = f^*_{s',\vec{x}}(G(\vec{x}), x_i) = f_{s,\vec{x}}(G(\vec{x}))$$

が成り立ち，したがって $G \circ \sigma_{s,\vec{x}} = f_{s,\vec{x}} \circ G$ を得る．

次に，この $f_{s,\vec{x}}$ が $\mathcal{F}_{\max(j,2)}$ に属することを示すが，そのためには $f^*_{s',\vec{x}}(w, v) \leq f'(w, v)$ を満たす $\mathcal{F}_{\max(j,2)}$ 関数 f' があることを示せば十分である．なぜなら，そのとき $f^*_{s',\vec{x}}$ は $\mathcal{F}_{\max(j,2)}$ 上の限定原始再帰法

$$\begin{cases} f^*_{s',\vec{x}}(w, 0) = w, \\ f^*_{s',\vec{x}}(w, v+1) = f_{s',\vec{x}}(f^*_{s',\vec{x}}(w, v)), \\ f^*_{s',\vec{x}}(w, v) \leq f'(w, v) \end{cases}$$

により得られるから $f^*_{s',\vec{x}} \in \mathcal{F}_{\max(j,2)}$ となり，一方 $G_i \in \mathcal{F}_2 \subseteq \mathcal{F}_{\max(j,2)}$ より $f_{s,\vec{x}} = f^*_{s',\vec{x}} \circ (p_{1,1}, G_i) \in \mathcal{F}_{\max(j,2)}$ が得られるからである．

そのような関数 f' の存在を示すにあたり，変数列 $\vec{\mathsf{x}} = (\mathsf{x}_1, \ldots, \mathsf{x}_m)$ 中に現れない新しい変数 v をとり

loop v do $[s']$

なる loop 文 r を考える．すると，明らかに $\mathrm{d}(r) = \mathrm{d}(s) = j$ で，しかも変数列 $(\vec{\mathsf{x}}, \mathsf{v}) = (\mathsf{x}_1, \ldots, \mathsf{x}_m, \mathsf{v})$ に関する r による状態遷移関数 $\sigma_{r,(\vec{\mathsf{x}},\mathsf{v})}: \mathbb{N}^{m+1} \to \mathbb{N}^{m+1}$ は loop 文の定義から

$$\sigma_{r,(\vec{\mathsf{x}},\mathsf{v})}(\vec{x}, v) = (\sigma^v_{s',\vec{x}}(\vec{x}), v) \qquad (6.2)$$

を満たす[*13]．また，前と同様に任意の v に対して (6.1) より

[*13] すなわち，変数列 $(\vec{\mathsf{x}}, \mathsf{v})$ に対する r による変化のうち $\vec{\mathsf{x}}$ の部分は，$\vec{\mathsf{x}}$ に対する s' による変化を v 回繰り返した結果と等しく，一方 r は変数 v の値を変えない．

6.3 階層 $\{\mathcal{L}_j\}$ と $\{\mathcal{F}_j\}$

$$G(\sigma_{s',\vec{x}}^v(\vec{x})) = f_{s',\vec{x}}^v(G(\vec{x})) = f_{s',\vec{x}}^*(G(\vec{x}), v) \qquad (6.3)$$

が成り立つ．これらのことからある $k \in \mathbb{N}$ に対して次の不等式が導かれる．

$$\begin{aligned}
f_{s',\vec{x}}^*(G(\vec{x}), v) &= G(\sigma_{s',\vec{x}}^v(\vec{x})) \qquad (6.3) \text{ より} \\
&\leq h_2^k(\max_+(\sigma_{s',\vec{x}}^v(\vec{x}))) \qquad G \in \mathcal{F}_2 \text{ と補題 5.3.5 より} \\
&\leq h_2^k(\max_+(\sigma_{r,(\vec{x},v)}(\vec{x},v))) \qquad (6.2) \text{ と補題 5.2.2 より} \\
&\leq h_2^k(h_j^k(\max_+(\vec{x},v))) \qquad \mathrm{d}(r) = j \text{ と補題 6.2.3 より} \\
&\leq h_{\max(j,2)}^{2k}(\max_+(\vec{x},v)) \qquad \text{補題 5.2.2 より．} \qquad (6.4)
\end{aligned}$$

ところで，コード関数 G の同型性より各 w について $w = G(G_1(w), G_2(w), \ldots, G_m(w))$ が成り立つ．よって (6.4) より各 $w, v \in \mathbb{N}$ について

$$\begin{aligned}
f_{s',\vec{x}}^*(w,v) &= f_{s',\vec{x}}^*(G(G_1(w), G_2(w), \ldots, G_m(w)), v) \\
&\leq h_{\max(j,2)}^{2k}(\max_+(G_1(w), G_2(w), \ldots, G_m(w), v))
\end{aligned}$$

が成り立つ．ここで $h_{\max(j,2)}^{2k}, \max_+, G_1, G_2, \ldots, G_m$ は $\mathcal{F}_{\max(j,2)}$ に属するから，上式の右辺を $f'(w,v)$ とおくと f' は $f_{s',\vec{x}}^*(w,v) \leq f'(w,v)$ を満たす $\mathcal{F}_{\max(j,2)}$ 関数である．こうして s が loop 文の場合も補題が成り立つことが示された[*14]． □

系 **6.3.4.** $j \geq 2$ のとき $\mathcal{L}_j \subseteq \mathcal{F}_j$．

証明 P が深さ j の loop プログラム

$$\mathsf{input}(\mathsf{x}_1, \ldots, \mathsf{x}_n); \; s; \; \mathsf{output}(\mathsf{x}_l)$$

[*14] loop 文の場合の証明で，ここでは $f_{s',\vec{x}}^* \in \mathcal{F}_{\max(j,2)}$ を示すのに限定原始再帰法を用いたが，$j \geq 3$ のときそのことは補題 5.4.1 から直ちに得られる．実際，$j \geq 3$ のとき帰納法の仮定 $f_{s',\vec{x}} \in \mathcal{F}_{\max(j-1,2)} = \mathcal{F}_{j-1}$ と補題 5.4.1 から直ちに $f_{s',\vec{x}}^* \in \mathcal{F}_j = \mathcal{F}_{\max(j,2)}$ を得る．しかし，$j \leq 2$ のときには $\mathcal{F}_{\max(j-1,2)} = \mathcal{F}_2 = \mathcal{F}_{\max(j,2)}$ のためその議論は適用できない．

のとき，入力データ $\vec{a} = (a_1, \ldots, a_n) \in \mathbb{N}^n$ に対する P の計算結果 $\varphi_P(\vec{a})$ は，P 中に登場する全変数 $\vec{x} = (x_1, x_2, \ldots, x_m)$ の値を $(\vec{a}, 0, 0, \ldots, 0)$ に初期化したのち，これに P の本体 s による状態遷移関数 $\sigma_{s,\vec{x}}$ を適用した結果 $\sigma_{s,\vec{x}}(\vec{a}, 0, 0, \ldots, 0)$ の第 l 成分に等しい．すなわち，関数 $g: \mathbb{N}^n \to \mathbb{N}^m$ と $g': \mathbb{N}^m \to \mathbb{N}$ を $g(\vec{x}) \stackrel{\text{def}}{=} (\vec{x}, 0, 0, \ldots, 0)$, $g' \stackrel{\text{def}}{=} p_{m,l}$ で定めると $\varphi_P = g' \circ \sigma_{s,\vec{x}} \circ g$ が成り立つ．

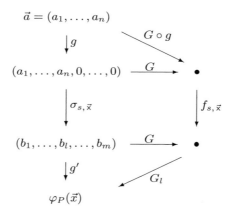

ところで，$G: \mathbb{N}^m \to \mathbb{N}$ を同型なコード関数，$G^{-1} = (G_1, G_2, \ldots, G_m)$ をその逆関数とすると，$j \geq 2$ のとき前補題より $G \circ \sigma_{s,\vec{x}} = f_{s,\vec{x}} \circ G$ を満たす関数 $f_{s,\vec{x}} \in \mathcal{F}_j$ が存在し，さらに $g' = G_l \circ G$ が成り立つから

$$\varphi_P = g' \circ \sigma_{s,\vec{x}} \circ g = G_l \circ G \circ \sigma_{s,\vec{x}} \circ g = G_l \circ f_{s,\vec{x}} \circ G \circ g$$

を得る．ここで，$G \circ g = G \circ (p_{n,1}, \ldots, p_{n,n}, \text{zero}_n, \ldots, \text{zero}_n) \in \mathcal{F}_2$，かつ $f_{s,\vec{x}} \in \mathcal{F}_j$, $G_l \in \mathcal{F}_2$ であるから，これらの合成関数 φ_P は $\mathcal{F}_j$ に属する． □

定理 6.3.5. $j \geq 2$ のとき $\mathcal{L}_j = \mathcal{F}_j$.
証明 系 6.3.2 と 6.3.4 による．□

系 6.3.6. $\{\mathcal{L}_j\}$ は階層をなす．すなわち，各 j について $\mathcal{L}_j \subset \mathcal{L}_{j+1}$.

証明 系 5.3.8 と前定理および例 6.2.5 による． □

演 習 問 題

6.1 次の各関数を計算する loop プログラムを示せ．
  (1) 自然数の前者関数 $x \dot{-} 1$．
  (2) 自然数の引き算 $x \dot{-} y$．
  (3) $\max(x, y)$ と $\min(x, y)$．
  (4) 各自然数 n に対する $\max_+(x_1, x_2, \ldots, x_n)$．
  (5) 自然数の割り算 $x \div y$．
  (6) 自然数の最大公約数 $\gcd(x, y)$．ただし $\gcd(x, 0) = \gcd(0, x) = 0$．
  (7) フィボナッチ関数 $\text{fib}(x)$．ただし $\text{fib}(0) = 0$，$\text{fib}(1) = 1$，$\text{fib}(x + 2) = \text{fib}(x) + \text{fib}(x + 1)$．

6.2
  (1) loop プログラム P 中の各文 s を，下で再帰的に定義される $(s)_{\text{time}}$ で置き換え，P の出力変数を例えば $\bullet$ で置き換えることにより P の時間計測プログラム P_{time} が得られる．このことを確かめよ．
    (a) s が代入文のとき，$(s)_{\text{time}}$ は $\bullet := \bullet + 1; \ s$．
    (b) s が複合文 $s_1; s_2; \ldots; s_n$ のとき，$(s)_{\text{time}}$ は
$$(s_1)_{\text{time}}; \ (s_2)_{\text{time}}; \ldots; \ (s_n)_{\text{time}}.$$
    (c) s が if x=y then $[s']$ else $[s'']$ のとき，$(s)_{\text{time}}$ は
$$\bullet := \bullet + 1; \ \text{if } x = y \text{ then } [(s')_{\text{time}} \ ] \text{ else } [(s'')_{\text{time}} \ ].$$
    (d) s が loop x do $[s']$ のとき，$(s)_{\text{time}}$ は
$$\bullet := \bullet + 1; \ \bullet := \bullet + 1; \ \text{loop x do } [(s')_{\text{time}}; \ \bullet := \bullet + 1; \ \bullet := \bullet + 1].$$
  (2) P が例 6.1.3 の 2) の loop プログラムのとき P_{time} を示せ．

あとがき

　本書では「計算とは何か」を数学的な立場から探究することを目指し，第 1, 2, 6 章ではコンピュータプログラムの視点から，また第 3〜5 章では再帰的関数とその周辺の話題に焦点を当てて考察した．

　ところで計算論の分野は歴史的にも内容的にも数理論理学と密接な関係があるにもかかわらず，本書ではこれまでそのことにほとんど触れることができなかった．そこで以下に，計算論が誕生する前後の論理学上のできごとを取り上げ，それらを通して論理学と計算論の関係について考えてみたい．

　まず，数理論理学の定理のうちおそらく最も有名なゲーデル（Gödel）の不完全性定理の話から始める．といっても，この分野に馴染みのない読者もおられると思うので，はじめに不完全性定理がどんな内容のものかを，彼が 1931 年にそれを発表した論文[2]「プリンキピア・マテマティカおよび関連した体系の形式的に決定不能な命題について I」の冒頭部分を引用しながら説明を加える．なお，この論文の引用は原則として林／八杉[18]の訳による．

　　数学は一層の厳密性を目指して進化し，周知のようにその大部分を形
　　式化するに至った．すなわち，僅かな機械的規則によって証明が実行
　　できるような数学の形式化が達成されたのである．

　ここで形式化（formalize）という言葉が繰り返し登場するが，それは英語や日本語などの自然言語でふつう書かれる数学的な証明を，明解で曖昧さのない特別な言語を使って表すことを意味する．もう少し詳しくいうとその言語は，決められた記号と明解な文法規則を使って構成される論理式（formula）と，そ

れらに対して同じく明解に定められた推論規則（inference rule）を適用して構成される証明（proof）を記述するための人工言語であり，その種の言語は形式的体系（formal system）または形式系とよばれる．

ところで，文法規則や推論規則が明解だというのはもちろん特別の誰かにとって明解というのではなく，有限個の単純な命令とそれらを実行する順序がはっきり示され，その指示に忠実に従うことにより誰でも（機械でも）間違いなく実行できるようなもののことをいう．そのような手順は一般に機械的手順（mechanical procedure）とよばれながら，それが正確に何を意味するかは当時まだ明らかにされていなかった[*1)]．

なお，形式系の考え方が生まれそれが数理論理学の研究者の間に徐々に広まったのは 1920 年代のことだが，その背景には約半世紀前からカントール（Cantor）による集合論やフレーゲ（Frege）による述語論理の体系化など，やがてはそれぞれ数理論理学の大きな分野となる領域の芽生えが登場し始めたこと，またそれと相前後していくつかのパラドックス[*2)]が顔を出し，論理的思考をより確かなものにしたいとの気運が高まっていたことなどがあった．

ゲーデルの先の論文は次のように続く．

> 現在までに構築された形式系のうちもっとも包括的なものは，一方ではプリンキピア・マテマティカの体系であり，他方では，ツェルメロ・フレンケルの集合論の公理系[*3)]である．（中略） これらの二つの体

[*1)] それにもかかわらず当時すでに数学の多くの分野が形式化されていたというのはおかしいと思われるかも知れないが，機械的手順の簡単な例は（例えば式の計算や比較など）身近にあり，それらを使って形式化することはできた．

[*2)] 同時に真でありかつ偽である命題（0 変数の述語）をパラドックスという．例えば「文 S は偽である」という文を S とすると，もし S が真ならその言明により S は偽であり，S が偽なら S は真である．一方，数学的なパラドックスとしては，素朴な立場で集合を考えたとき生じる次のものが有名である：$z \notin z$ を満たす集合 z の全体からなる集合を Z とする．すなわち $Z = \{z | z \notin z\}$．このとき，$Z \in Z$ なら $Z \notin Z$ であり，$Z \notin Z$ なら $Z \in Z$ である．

[*3)] 推論規則は，いくつか（0 個以上）の指定された形の論理式がすでに導かれているとき，それらを前提としてある論理式を導くものだが，そのうち 0 個の前提から（つまり，前提なしに）導かれる論理式をその体系の公理（axiom）といい，公理を重視して形式的体系を公理系（axiom system）ということもある．

系は十分に完成されたものであり，今日数学において使用されている
すべての証明法が，それらの内部で形式化されるほどである．つまり，
それらの証明法が少数の公理と推論規則に還元されるのである．した
がって，これらの体系の内部で形式的に表すことのできるすべての数
学的問題を決定するためには，その公理と推論規則で十分である，と
予想するのは自然なことである．

上の文章の終り近くに「数学的問題を決定する」とあるが，それは真偽が問
われている数学的な命題を証明により決着すること，つまりその命題を形式化
した論理式 α とその否定 $\neg\alpha$ のどちらかを証明することをいう[*4]．上の文章
に続いてゲーデルは（第一）不完全性定理の内容を次のように説明する．

しかし，以下において示すように，事実はこれに反する．それどころ
か，普通の整数の理論における比較的単純な問題でありながら，これ
ら両体系の公理から決定することができないものが存在する．（後略）

この定理の主張をもう少し詳しくいうと次のとおりである：形式的体系がある
程度の自然数論を含みかつ無矛盾[*5]なら決定することができない閉論理式[*6]が
あり，その意味でこの体系は不完全である．

ところで，ゲーデルがこの論文を発表した当時，原始再帰法はすでに（1888
年のデデキント[1] 以来）広く知られていた．しかし，原始再帰法（primitive
recursion）という呼び名が文献に登場するのは 1934 年以降で，それまでは "or-
dinary recursion" とか "definition by induction" とよばれていたという[8]．
ちなみに，関数の再帰的定義を "recursion" とよび，それによって定義される

[*4] 本書の 4.2 節でも述語が決定可能か否かという話をしたが，そこでは決定する主体がコンピュー
タだったのに対して，ここでは決定する主体は形式系であることに注意せよ．

[*5] ある論理式 α とその否定 $\neg\alpha$ が共に形式系 T で証明できるとき，T は矛盾する（inconsistent）
といい，そうでないとき無矛盾（consistent）であるという（矛盾からはすべての論理式が導
かれることに注意せよ）．なお，ゲーデルの原論文では無矛盾より強い条件が仮定されていたが，
その後ロッサ（Rosser）によりこのように改められた．

[*6] 自由変数を含まない論理式（つまり，命題の形式化）を閉論理式という．

関数を "recursive function" とよぶことはすでに行われていたが，それと計算可能な（つまり，アルゴリズムにより関数値が計算できる）自然数関数との関係はまだ明らかにされず，それを探るため原始再帰法の拡張概念がいくつか提案され検討されていた．以上のような状況の下でゲーデルは上の論文[2]で（今日の）原始再帰的関数を単に再帰的関数（recursive function）とよび，それを使って上の定理を証明した[*7]．

ゲーデルは上の論文について 1934 年に行った連続講義[3]で，計算可能な関数を表す数学的構造（つまり，計算モデル）の候補としてエルブラン（Herbrand）との連名で**一般再帰的関数**（general recursive function）のアイディアを発表した．その内容は簡単にいうと，（今日の）原始再帰的関数の定義における原始再帰法の代わりに自然数上の関数に対するあらゆる再帰的定義[*8]を認めるもので，この計算モデルはエルブラン–ゲーデルの（一般）再帰的関数とよばれる．

一方，その数年前から「λ 計算（λ-calculus）で定義可能な自然数関数」を

[*7] 以下にその証明のアイディアを述べる（ただし用語は今日のものを用いる）．まず，仮定を満たす形式系 T の論理式，推論規則，証明などをそれらの組成が解読可能な方法で原始再帰的関数によりコード化する．そのとき，「自然数 a が論理式 α のコード $\langle \alpha \rangle$ で，自然数 p が T における α の証明 π のコード $\langle \pi \rangle$ である」ことを表す述語 $\mathrm{proof}_T(p,a)$ は原始再帰的述語であることと，この述語 proof_T に対して，T のある 2 変数の論理式 prf_T が存在して

$$\begin{cases} \mathrm{proof}_T(p,a) = \text{true のとき} & T \vdash \mathrm{prf}_T(\overline{p},\overline{a}), \\ \mathrm{proof}_T(p,a) = \text{false のとき} & T \vdash \neg\mathrm{prf}_T(\overline{p},\overline{a}) \end{cases}$$

が成り立つことを確かめる（ここで，$\overline{a},\overline{p}$ はそれぞれ体系 T で自然数 a,p を表す項で，$T \vdash \cdots$ は論理式 $\cdots$ が体系 T で証明可能であることを表す）．

次に，T の任意の 1 変数論理式 $\rho(x)$ に対して $T \vdash \alpha \leftrightarrow \rho(\overline{\langle \alpha \rangle})$ を満たす閉論理式 α があることを示す．これは数学のいろいろな分野で見かける不動点定理の一種で，対角線論法により導かれる．

最後に，1 変数論理式 $\exists y[\mathrm{prf}(y,x)]$ を $\mathrm{pr}_T(x)$ とおき，上の論理式 $\rho(x)$ として $\neg\mathrm{pr}_T(x)$ をとることにより $T \vdash \alpha \leftrightarrow \neg\mathrm{pr}_T(\overline{\langle \alpha \rangle})$ を満たす閉論理式 α を得る（ここで，$\mathrm{pr}_T(\overline{\langle \alpha \rangle})$ は「α は T で証明可能な論理式である」ことを意味し，したがって $\alpha \leftrightarrow \neg\mathrm{pr}_T(\overline{\langle \alpha \rangle})$ は「α と「α は T で証明可能な論理式でない」とは同値である」ことを意味する）．この α について，T は α を決定しないこと（つまり $T \nvdash \alpha$ かつ $T \nvdash \neg\alpha$）が確かめられ，定理が証明される．詳しくは，林/八杉[18]，田中[17] の Part B，鹿島[20] などを参照せよ．

[*8] 彼らはそのような一般の再帰的定義を連立関数方程式の形で表現した．詳しくは Odifreddi[11] の Vol.I, Ch.I, §2 を参照せよ．なお，本書の 4.4 節で述べた漸化式は彼らの連立関数方程式を汎関数（関数を変数とする関数，functional）を用いた関数方程式の形で表したものである．

計算モデルとして提案する準備を進めていたチャーチ（Church）が 1936 年に論文を発表したのに続いて，クリーネが今日のいわゆる再帰的（または帰納的）関数を，またチューリングがチューリングマシンをそれぞれ計算モデルとして提案し，同時に彼らはこれらの候補が互いに同値であることを証明した[*9]．

なお，チャーチの λ 計算は関数[*10]概念の論理的研究を目指して作られた体系で，定義は単純だがその潜在的な表現力の大きさは当の研究者達の誰もはじめは予想しなかった[8]という．またこの体系は何らかの数学的構造をもとに作られた形式的体系のように見えながらその何かが長年見つからないという点でもユニークな存在だった．しかし，1960 年代にこの体系の興味深い数学的モデルがスコット（Scott）により発見され，それ以後 λ 計算は型理論やプログラム意味論と関連して活発な研究が行われている．

ところで，クリーネの再帰的関数で中心的な役割を演じる μ 演算は，エルブラン–ゲーデルの意味で再帰的である（演習問題 4.11 参照）から，エルブラン–ゲーデルの再帰的関数はクリーネの再帰的関数の拡張概念である．クリーネはこの前者とチャーチの計算モデルとの同値性を示す過程で後者の概念を得たという[8]．

一方，チューリングによるチューリングマシン（Turing machine）は，計算の手順と必要なデータを示された人間が，何枚かの計算用紙に記号や数字を書いたり消したりしながら計算を遂行し結果を出すまでの過程で彼の頭や体で何が行われるかを注意深く観察・分析し，その結果を仮想的な「コンピュータ」としてまとめたものである．この計算モデルの最大の特徴は，計算手順（アルゴリズム）の重要性に注目し，それを正確に記述するための特別の言語をまず設計した上で，その言語で記述された個々の計算手順を解読してそこに示された

[*9] ただし，当時の計算論は全域関数だけを対象としていたため，厳密にいうと例えば上の再帰的関数は再帰的な全域関数を意味し，μ 演算の適用にも（結果が全域関数のときのみ適用可能という）制限があった．しかしその状態は長くは続かず，1938 年にクリーネが計算論の対象を部分関数に拡大した結果，万能関数や再帰定理の議論が今日のように自由に行えるようになった．

[*10] ここでいう関数は，ふつうの（例えば自然数上などの）関数のほかに高階関数（関数から関数への関数）も含む．なお，λ 計算に関する日本語の文献として例えば高橋[14]，横内[16] などがある．

計算を自ら実行する「コンピュータ」自身の計算手順もこの言語で記述したこと，そしてその結果，計算の奥に潜む数学的および論理的状況への洞察を深め，現代のコンピュータの研究と実現への道を開いたことである[*11]．

ところで，こうした状況は先に述べた形式系にどんな影響を与えただろうか．このことに関してゲーデルは先の講義録[3]のあとがき（1964年6月3日付）の中で凡そ次のように述べている．

> その後のさまざまな進歩，特にチューリングの業績により形式系の一般的概念に対する疑う余地のない適切な定義が得られた．そのため，有限的な数論をある程度含む無矛盾な<u>任意の</u>形式系において次の事実が成り立つことを厳密に証明することができる．
> 1) その体系には決定不能な算術の命題が存在する．
> 2) その体系の無矛盾性をその体系内で証明することはできない[*12]．

これに続いてゲーデルはチューリングの業績を次のように具体的な理由を上げて評価している．

> チューリングの仕事は機械的手順の概念を分析し，それがチューリングマシンと等価であることを示した．その結果，形式系は端的に「証明可能な論理式を生成する機械的手順」として定義できる．

ところでゲーデルの第一不完全性定理は私たちにどんなメッセージを伝えているだろうか．人によっては「数学は信用できない」とか「数学は役に立たない」と思うかもしれない．これに対してゲーデル自身は先の講義録[3]のあとがきの中で「これは人間の理性の力の限界を示すものではなく，むしろ数学にお

[*11]) チューリングマシンの定義その他の詳細については計算論に関する多くの教科書や文献で解説されているので，各自の好みに応じて適宜選択されることを薦める．なお，ここでは代表的な計算モデルのみを簡単に紹介したが，その後も新しい計算モデルが提案され上述のものと同等の表現力をもつことが示されている．本書のNプログラムやwhileプログラム（共にVer.0,1,2）もその例である．

[*12]) このうち1) をゲーデルの第一不完全性定理，2) を第二不完全性定理という．

ける純粋な形式主義の限界を示すものである」と述べている．

* * *

　私自身は数理論理学の専門家ではないため，これまで気になりながら精読できなかった論理学関係の文献を本書の執筆を機会に詳しく読むことができ，改めて考えさせられることがいくつかあった．

　それは例えばヒルベルト（Hilbert）が導入した形式系に関することで，もしこれがなければ不完全性定理のような研究は果たして可能だったかどうか，そもそも形式化されない体系ではコード化の発想は起こり得ないのではないか，そしてさらに，このような形である種の数学の形式化やそれに伴うコード化が行われなければ，果たしてコンピュータは現在のような形で誕生しただろうか，などである．またこのことに付随して，上のようないくつかの歴史上のできごとを大きなスケールで振り返ってみることにより，数学というある意味で地味でどちらかというと閉鎖的な印象を与えそうな学問のもつ潜在的な力の大きさに改めて驚くとともにある種の感慨を感じた．

参考文献

1) R. Dedekind: *Was sind und was sollen die Zahlen?* Braunschweig, 1888. 翻訳版: 渕野　昌（訳）『数とは何かそして何であるべきか』筑摩書房，2013.
2) K. Gödel: Über formal unentscheidbare Sätze der Principia Mathematica und verwandter Systeme I, *Monatshefte für Mathematik und Physik*, Vol.38, 1931, pp. 173–198. 翻訳版: Davis[6] pp. 5–38; 林/八杉[18] pp. 15–62.
3) K. Gödel: On undecidable propositions of formal mathematical systems, mimeographed notes of lectures, 1934. 改訂版: Davis[6] pp. 41–81.
4) S. C. Kleene: *Introduction to Metamathematics*, North-Holland, 1952, pp. 285–287.
5) A. Grzegorczyk: *Some classes of recursive functions*, Rozprawy Mate, IV, Warsaw, 1953.
6) M. Davis (ed.): *The Undecidable*, Raven Press, 1965.
7) 竹内外史『数理論理学―語の問題―』培風館，1973.
8) S. C. Kleene: Origins of recursive function theory, *Proc. 20th Symp. Foundations of Computer Science*, IEEE, 1979, pp. 371–382.
9) 足立曉生, 笠井琢美: 原理的計算可能性と実際的計算可能性，廣瀬　健（編）『数学セミナー増刊: 数学基礎論の応用』日本評論社，1981, pp. 115–145.
10) H. E. Rose: *Subrecursion: Functions and Hierarchies*, Clarendon Press, 1984.
11) P. Odifreddi: *Classical Recursion Theory*, North-Holland, Vol.I, 1989; Vol.II, 1999.
12) 廣瀬　健『帰納的関数』共立出版，1989.
13) 佐々政孝『プログラミング言語処理系』岩波書店，1989.
14) 高橋正子『計算論―計算可能性とラムダ計算―』近代科学社，1991.
15) J. R. Shoenfield: *Recursion Theory*, Lecture Notes in Logic, Vol.1, Springer, 1993.

16) 横内寛文『プログラム意味論』共立出版，1994．
17) 田中一之（編）『数学基礎論講義—不完全性定理とその発展—』日本評論社，1997．
18) 林　晋，八杉満利子（訳・解説）『ゲーデル 不完全性定理』岩波書店，2006．
19) 中田育男『コンパイラの構成と最適化（第2版）』朝倉書店，2009．
20) 鹿島　亮『数理論理学（現代基礎数学15）』朝倉書店，2009．

　　上のリストは本書の執筆に際して参照した文献で読者の興味によっては参考になるかもしれないと思うものを発行年順に並べてある．
　　Shoenfield[15]は伝統的な計算論の内容を数学志向の読者向きに簡潔にまとめた講義ノートである．一方，Odifreddi[11]は計算論を中心にその周辺の話題も含めて幅広い分野の主な研究成果を大部の2分冊にまとめて紹介する労作である．
　　Kleene[4]は，「まえがき」で触れたカルマーの初等関数に関するハンガリー語の文献および関連事項の出典である．
　　Dedekind[1]は，原始再帰法を自ら導入しそれに基づく自然数論の展開を丁寧に記した読み物である．
　　竹内[7]，廣瀬[12]，Shoenfield[15]は計算論以外の数学の分野における決定不能問題（4.2節）に関する参考文献である．
　　佐々[13]と中田[19]は再起呼び出し（4.4節）のコンパイル技法に関する参考文献である．
　　Grzegorczyk[5]は第5章で取り上げた階層と同種の階層を最初に導入した文献（ポーランドの大学の博士論文）で，インターネットで入手可能である．足立/笠井[9]，Rose[10]，およびOdifreddi[11]のVol.II, Ch.VIIIでもこのテーマが詳しく論じられている．なお，本書では文献[5,9]と同じく$\omega = \{0, 1, 2, \ldots\}$までの階層を取り上げたが，文献[10,11]ではその考え方を順序数ϵ_0まで延長した階層についても考察し，例えば田中[17]のPart Cにそのように延長された階層の数理論理学への応用が見られる．
　　最後に，文献[2,3,6,8,14,16〜18,20]は「あとがき」に関する参考資料である．Gödel[2]は不完全性定理の原論文とその翻訳版だが，林/八杉[18]には歴史的，哲学的，数学的な詳しい解説（および考察）がある．一方，Gödel[3]はGödel[2]の発表から3年後に行われたゲーデルの連続講義の講義録であり，エルブラン–ゲーデルの（一般）再帰的関数の名で知られる計算モデルの出典でもある．なお，改訂版に30年後に追記されたあとがきの中に，チューリングマシンの数理論理学に対する貢献が明記されている．
　　Davis[6]は，1930年代に発表された代表的な計算モデルの提案者たちによる原論文を編者による行き届いたガイド付きで編纂した論文集である．
　　Kleene[8]は1930年代から約30年間に亘る計算論の歩みを，自らの経験や見聞を通して記した貴重な回想録である．

演習問題略解

1.1 (1) $y > 0$ のとき，x と y の共約数は y と $\mathrm{mod}(x,y)$ の共約数で逆もまた成り立つ．よって，このとき $\gcd(x,y) = \gcd(y, \mathrm{mod}(x,y))$．(2) P が判定命令を通るごとに変数 y の値は減少する（$\because \mathrm{mod}(x,y) < y$）．ゆえに P が無限にループをまわり続けることはない．

1.2
(1)　　input(x, y); u := 0; z := 1;
　　　while u < y do [z := z × x; u := u + 1];
　　　output(z)
(2)　　input(x); u := 0; z := 1;
　　　while u < x do [u := u + 1; z := z × u];
　　　output(z)
(3)　　input(x); u := 1;
　　　while (u + 1) × (u + 1) ≤ x do [u := u + 1];
　　　output(u)

1.3 $\max(x,y) = (x \mathbin{\dot{-}} y) + y$ と $\min(x,y) = x \mathbin{\dot{-}} (x \mathbin{\dot{-}} y)$ を使い正整数 n に関する数学的帰納法による．

1.4 図のプログラムでは，x が 2 以上のとき x の真の約数があるか否かを中央のループをまわりながら調べ，もしあれば 1 を出力し，なければ 0 を出力する．一方，x が 2 未満のときは直ちに 1 を出力する．（なお，このプログラムでは 2 以上 x 未満のすべての自然数を x の真の約数の候補とみて調べているが，例えば 2 が x の約数でないと分かればその他の偶数はいずれも x の約数でないから再度調べる必要はない．この点を考慮し x 以下の素数表を効率的に求める「エラトステネスの篩」とよばれる方法が古くから知られている．ただし，その方法をプログラムで表現するには次々に変化する自然数の有限集合をプログラムで扱う必要がある．N プログラムでそれを可能にする方法を 2.4 節で述べ，それを使った素数表作成の while プログラムを演習問

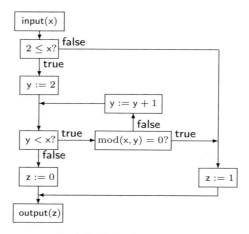

図 素朴な素数判定プログラム

題 2.10 で取り上げる.)

2.2 初等式 t の構成に関する帰納法による. (1) t が定数または変数のときは定義 2.2.2 の 1) より明らか. (2) $g: \mathbb{N}^m \to \mathbb{N}$ が初等関数で $t_1, t_2, \ldots, t_m$ が初等式のとき,初等式 $g(t_1, t_2, \ldots, t_m)$ 中のすべての変数を含む変数列 $\vec{x}$ に対して,帰納法の仮定より各 $g_i(\vec{x}) \stackrel{\text{def}}{=} t_i$ は初等関数である.よってこのとき $f(\vec{x}) \stackrel{\text{def}}{=} g(t_1, t_2, \ldots, t_m) = g(g_1(\vec{x}), g_2(\vec{x}), \ldots, g_m(\vec{x}))$ は定義 2.2.2 の 3) より初等関数である.

2.3 $c_{\leq}(x, y) = c_{=0}(x \dot{-} y)$, $\quad c_<(x, y) = 1 \dot{-} (y \dot{-} x)$, $\quad c_{\neq}(x, y) = 1 \dot{-} ((x \dot{-} y) + (y \dot{-} x))$.

2.4 累積帰納法の仮定 $\forall y < x [p(y)]$ を $p'(x)$ とおく.すると累積帰納法の原理 (2.1) は $\forall x[p'(x) \to p(x)] \to \forall x[p(x)]$ となるが,p' の定義から $\forall x[p'(x)]$ と $\forall x[p(x)]$ は同値であり,したがって上式を示すには,仮定 $\forall x[p'(x) \to p(x)]$ のもとで $\forall x[p'(x)]$ を示せばよい.証明は x に関する数学的帰納法による.まず $p'(0)$ すなわち $\forall y < 0 [p(y)]$ は $\forall y < 0 [\cdots]$ の定義より自明である.次に $\forall x[p'(x) \to p'(x+1)]$ を示すが,ここで $p'(x+1)$ は p' の定義より $p'(x) \land p(x)$ と同値であるから,示すべき式は $\forall x[p'(x) \to p'(x) \land p(x)]$ と同値で,これは先の仮定 $\forall x[p'(x) \to p(x)]$ より明らかである.こうして (2.1) が示された.

2.5

(1) 「$x \geq 2$ なら x は素因数分解できる」を $p(x)$ として $\forall x[p(x)]$ を累積帰納法で示す.$x \geq 2$ とする.x が素数のときは明らか.x が素数でないとき,x は真

の約数の積として $x = x_1 x_2$ と表される.ここで $2 \leq x_i < x\,(i = 1, 2)$ と累積帰納法の仮定より x_1 と x_2 はそれぞれ素因数分解できるから,$x = x_1 x_2$ も素因数分解できる.

(2) 背理法による.もし素数の全体が $\operatorname{pr}(i)\,(i < n)$ だとすると,各 $\operatorname{pr}(i)$ は 2 以上の自然数 $m \stackrel{\text{def}}{=} \prod_{i<n} \operatorname{pr}(i) + 1$ の約数でないから m は素因数をもたない.これは (1) に反する.

(3) 一般に $\operatorname{pr}(0), \operatorname{pr}(1), \ldots, \operatorname{pr}(n-1)$ は $m \stackrel{\text{def}}{=} \prod_{i<n} \operatorname{pr}(i) + 1$ の約数でないから,m の素因数は $\operatorname{pr}(n)$ 以上である.ゆえに $\operatorname{pr}(n) \leq \prod_{i<n} \operatorname{pr}(i) + 1$.

(4) 累積帰納法で示す.そのために累積帰納法の仮定 $\forall y < x\,[\operatorname{pr}(y) \leq 2^{2^y}]$ のもとで $\operatorname{pr}(x) \leq 2^{2^x}$ を導けばよい.実際,x が累積帰納法の仮定を満たすとき,

$$\operatorname{pr}(x) \leq \prod_{y<x} \operatorname{pr}(y) + 1 \qquad (3)\,\text{より}$$
$$\leq \prod_{y<x} 2^{2^y} + 1 \qquad \text{累積帰納法の仮定より}$$
$$= 2^{(\sum_{y<x} 2^y)} + 1 = 2^{(2^x - 1)} + 1 \leq 2^{2^x}.$$

2.7 系 2.3.2 と系 1.3.3 より,$\mathcal{W}_2 \subseteq \mathcal{N}_2 = \mathcal{N}_1 = \mathcal{W}_1 \subseteq \mathcal{W}_2$.

2.8
$$\operatorname{append}(x, y) = g_\diamond(x, y, \operatorname{lh}(x) + \operatorname{lh}(y)),\,\text{ただし}$$
$$g(x, y, z) = \begin{cases} \operatorname{el}(x, z) & z < \operatorname{lh}(x)\,\text{のとき,} \\ \operatorname{el}(y, z \dot{-} \operatorname{lh}(x)) & \operatorname{lh}(x) \leq z\,\text{のとき.} \end{cases}$$
$$\operatorname{search}(x, y) = \mu z < \operatorname{lh}(x)\,[\operatorname{el}(x, z) = y].$$

2.9 初等関数 $s, t : \mathbb{N} \to \mathbb{N}$ を $s(v) \stackrel{\text{def}}{=} \Sigma_{u<v} \operatorname{suc}(u)$, $t(z) \stackrel{\text{def}}{=} \mu v < z\,[z < s(v+1)] = \max\{\,v \mid s(v) \leq z\,\}$ により定める.このとき任意の z について $s(t(z)) \leq z \leq s(t(z)) + t(z)$ であることに注意し,$\operatorname{left}(z) \stackrel{\text{def}}{=} z \dot{-} s(t(z))$, $\operatorname{right}(z) \stackrel{\text{def}}{=} t(z) \dot{-} \operatorname{left}(z)$ とおくと,任意の x, y, z について $\operatorname{left}(\operatorname{pair}(x, y)) = x$, $\operatorname{right}(\operatorname{pair}(x, y)) = y$, $\operatorname{pair}(\operatorname{left}(z), \operatorname{right}(z)) = z$. これらのことから (1) と (2) が導かれる.

2.10 エラトステネスの篩のアルゴリズムでは,篩の中にある数の集合 Z は時間とともに変化するが,それは常に $\{0, 1, 2, \ldots, n\}$ の部分集合である.このことに注意し,次の while プログラムでは集合 Z を長さ $n + 1$ の数列 $z_0, z_1, z_2, \ldots, z_n$ (ただし,各 $i \leq n$ について $i \in Z$ のとき $z_i = 0$, $i \notin Z$ のとき $z_i = 1$)で表し,この数列のコードを変数 z におく.また,s は求める素数表のコードを記憶する変数である.

```
input(n);
z := f_◇(n + 1);  i := 2;
while i · i ≤ n do [if el(z,i) = 0 then [z := g_◇(z,i,n + 1)] else []; i := i + 1];
i := 2;  s := ⟨⟩;
while i ≤ n do [if el(z,i) = 0 then [s := push(s,i)] else []; i := i + 1];
output(s)
```

ただし，$f : \mathbb{N} \to \mathbb{N}$ と $g : \mathbb{N}^3 \to \mathbb{N}$ は次の初等関数とする．

$$f(i) \stackrel{\text{def}}{=} \begin{cases} 0 & 2 \leq i \leq n \text{ のとき}, \\ 1 & \text{その他のとき}. \end{cases}$$

$$g(z,i,j) \stackrel{\text{def}}{=} \begin{cases} 1 & i|j \text{ かつ } i < j \leq n \text{ のとき}, \\ \text{el}(z,j) & \text{その他のとき}. \end{cases}$$

3.2 $G : \mathbb{N}^m \to \mathbb{N}$ がコード関数のとき，$f(\vec{x},y) \stackrel{\text{def}}{=} G(f_1(\vec{x},y),\ldots,f_m(\vec{x},y))$ が原始再帰的関数であることをまず示す．

3.3 $h(\vec{x},y) \stackrel{\text{def}}{=} \langle f(\vec{x},0), f(\vec{x},1),\ldots,f(\vec{x},y)\rangle = f_◇(\vec{x},y+1)$ とおくと，$f(\vec{x},y) = \text{el}(h(\vec{x},y),y)$．以下に $h \in \mathcal{P}$ を示すことにより $f \in \mathcal{P}$ を導く．ところで，$h(\vec{x},0) = \langle g(\vec{x})\rangle$ かつ $h(\vec{x},y+1) = \text{push}(h(\vec{x},y),g'(\vec{x},y,h(\vec{x},y))) = h'(\vec{x},y,h(\vec{x},y))$．ただし $h'(\vec{x},y,z) = \text{push}(z,g'(\vec{x},y,z))$ とおく．すると $h' \in \mathcal{P}$ より関数 h は $\mathcal{P}$ 上の原始再帰法により得られ，よって $h \in \mathcal{P}$ を得る．

3.4 前問を利用するか，または $f_1(y) \stackrel{\text{def}}{=} \text{fib}(y)$，$f_2(y) \stackrel{\text{def}}{=} \text{fib}(y+1)$ に対して前々問を適用する．

4.1[*1)]

- $k_n(z) = \begin{cases} z & \text{prog}_n(z) \text{ のとき}[*2)], \\ \#E_n & \text{それ以外のとき}. \end{cases}$

[*1)] 以下の記述で，z と w がそれぞれプログラム P $(\in \mathbb{N}_0^n)$ とその作業領域のコードのとき，P が次に実行する命令のコード $\text{el}(z,\text{el}(w,0))$ を $\#A$ で表す．

[*2)] $\text{prog}_n(z)$ は z があるプログラム $P \in \mathbb{N}_0^n$ のコードであることを意味する．つまり z はある数列のコードで，その数列の最初の成分は n 個の入力変数をもつ入力命令のコード，最後の成分は出力命令のコード，その他の成分は代入/判定命令のコードである．

ただし $\mathrm{prog}_n(z) \iff$
$$\mathrm{code}(z) \land \exists k < \mathrm{lh}(z) \, [(z)_0 = \langle 1, n, k \rangle] \land$$
$$\exists i < z \, [\, 0 < i \land [(z)_{\mathrm{lh}(z) \dot{-} 1} = \langle 5, i \rangle]]^{*3)} \land$$
$$\forall j < \mathrm{lh}(z) \, [\, 0 < j \land j < \mathrm{lh}(z) \dot{-} 1 \to$$
$$\exists i < z, \, \exists i' < z, \, \exists k < \mathrm{lh}(z), \, \exists k' < \mathrm{lh}(z)$$
$$[0 < i \land 0 < i' \land 0 < k \land 0 < k' \land [[(z)_j = \langle 2, i, k \rangle]$$
$$\lor [(z)_j = \langle 3, i, k \rangle] \lor [(z)_j = \langle 4, i, i', k, k' \rangle]]]],$$
$$\#E_n = \langle \langle 1, n, 1 \rangle, \langle 4, 1, 1, 1, 1 \rangle, \langle 5, 1 \rangle \rangle.$$

- $g_n(z, x_1, x_2, \ldots, x_n) = t_\diamond(x_1, x_2, \ldots, x_n, z)$, ただし
$$t(x_1, x_2, \ldots, x_n, i) = \begin{cases} x_i & 1 \leq i \leq n \text{ のとき}, \\ 0 & \text{それ以外のとき}. \end{cases}$$

- $p(z, w) \iff (\#A)_0 \neq 5$.
- $f(z, w) = s_\diamond(z, w, z)$, ただし
$$s(z, w, i) = \begin{cases} (\#A)_{s'(z,w)} & i = 0 \text{ のとき}, \\ 0 & [(\#A)_0 = 2] \land [i = (\#A)_1] \text{ のとき}, \\ (w)_i + 1 & [(\#A)_0 = 3] \land [i = (\#A)_1] \text{ のとき}, \\ (w)_i & \text{それ以外のとき}. \end{cases}$$
$$s'(z, w) = \begin{cases} 3 & [(\#A)_0 = 4] \land [(w)_{(\#A)_1} = (w)_{(\#A)_2}] \text{ のとき}, \\ 4 & [(\#A)_0 = 4] \land [(w)_{(\#A)_1} \neq (w)_{(\#A)_2}] \text{ のとき}, \\ 2 & \text{それ以外のとき}. \end{cases}$$

- $g'(z, w) = (w)_i$, ただし $i = \mu i < z \, [(z)_{\mathrm{lh}(z) \dot{-} 1} = \langle 5, i \rangle]$.

4.2

- $k(z, x) = \begin{cases} z & \mathrm{valid}(z, x) \text{ のとき}, \\ \#E_{\mathrm{lh}(x)} & \text{それ以外のとき}. \end{cases}$

ただし,$\mathrm{valid}(z, x)$ は前問の $\mathrm{prog}_n(z)$ 中の $\exists k < \mathrm{lh}(z) \, [(z)_0 = \langle 1, n, k \rangle]$ を $\mathrm{code}(x) \land \exists k < \mathrm{lh}(z) \, [(z)_0 = \langle 1, \mathrm{lh}(x), k \rangle]$ に置き換えた結果である.

- $g(z, x) = t_\diamond(x, z)$, ただし
$$t(x, i) = \begin{cases} (x)_{i \dot{-} 1} & 1 \leq i \leq \mathrm{lh}(x) \text{ のとき}, \\ 0 & \text{それ以外のとき}. \end{cases}$$

---

*3) プログラム P 中の命令 A に変数 x_i が登場するとき,補題 2.4.3 より $i < \#A < \#P$ が成り立つ.よって集合 $\{\, x_i \mid i < \#P \,\}$ は P 中に現れるすべての変数を含むことに注意.

4.3 すべての再帰的関数に対する万能関数 $\gamma : \mathbb{N}^2 \rightsquigarrow \mathbb{N}$ に定理 3.4.3 を適用する.

4.4 背理法による. $n \geq 2$ のとき, $g'(x_1, x_2, \ldots, x_n) = g(x_1, x_1, x_2, \ldots, x_n) + 1$ とおくことにより $n = 1$ の場合と同様に矛盾が導かれる. $n = 0$ のときは, 再帰的関数 $g : \mathbb{N} \to \mathbb{N}$ が γ_0 の全域関数への拡張だと仮定して矛盾を導く. 実際, そのときパラメータ定理 (補題 4.3.1) の初等関数 $s_{1,0}$ と g の合成 $g \circ s_{1,0}$ は再帰的でかつ $\gamma_1 (= \gamma_0 \circ s_{1,0})$ の全域関数への拡大であるから, 定理 4.2.1 に反する.

4.5 もし f が計算可能なら $f(z,x) \dot{-} 1$ も計算可能だがそれは定理 4.2.1 に反する. なお, このことと定理 4.2.1 の脚注より, 暴走するすべてのプログラムを適切なメッセージを出して止まるプログラムに変えることはメッセージの如何にかかわらず不可能であることが分かる.

4.6 定理 4.2.1 および演習問題 4.4 と同様の考え方で示す.

4.7 $\vec{y} = (y_1, y_2, \ldots, y_m)$ のとき $s_{m,n}(z, \vec{y}) = t_\diamond(z, \vec{y}, \mathrm{lh}(z) + \sum_{i=1}^{m} y_i)$. ただし

$$t(z, \vec{y}, j) = \begin{cases} \langle 1, n, 1 \rangle & j = 0 \text{ のとき}, \\ \langle 3, n+1, j+1 \rangle & 0 < j \leq y_1 \text{ のとき}, \\ \langle 3, n+2, j+1 \rangle & y_1 < j \leq y_1 + y_2 \text{ のとき}, \\ \quad \cdots & \quad \cdots \\ \langle 3, n+m, j+1 \rangle & \sum_{i=1}^{m-1} y_i < j \leq \sum_{i=1}^{m} y_i \text{ のとき}, \\ t'(c, d) & c = \mathrm{el}(z, j \dot{-} d),\ d = \sum_{i=1}^{m} y_i < j \text{ のとき}. \end{cases}$$

$$t'(c, d) = \begin{cases} c \times \mathrm{pr}(2)^d & \mathrm{el}(c, 0) < 4 \text{ のとき}, \\ c \times \mathrm{pr}(3)^d \times \mathrm{pr}(4)^d & \mathrm{el}(c, 0) = 4 \text{ のとき}, \\ c & \text{それ以外のとき}. \end{cases}$$

4.8 定理 4.4.2 を用いる. そのさい 1) を示すために, 関数 $\varphi_1, \varphi_2 : \mathbb{N}^2 \rightsquigarrow \mathbb{N}$ が (4.4) を満たすとき $\varphi_1 = \varphi_2$ が成り立つことを x に関する数学的帰納法で示す (その中で y に関する帰納法を用いる).

4.9 アッカーマン関数 $A(x,y)$ を計算するには, A を定義する漸化式 (4.4) に従い, 例えば

$$\begin{aligned} A(2,1) &= A(1, A(2,0)) \\ &= A(1, A(1,1)) \\ &= A(1, A(0, A(1,0))) \\ &= A(1, A(0, A(0,1))) \\ &= A(1, A(0,2)) \end{aligned}$$

$$= A(1,3)$$
$$= A(0, A(1,2))$$
$$= A(0, A(0, A(1,1)))$$
$$= A(0, A(0, A(0, A(1,0))))$$
$$= \cdots$$

のように $A(n_0, A(n_1, A(n_2, \ldots, A(n_{i-1}, A(n_i, m))\ldots)))$ という形の式を内側から次々に展開していけばよい．この手順を while プログラムで記述するには上式中の数列 $n_0, n_1, n_2, \ldots, n_{i-1}$ をスタック（例 2.4.6）に記憶して計算を行う方法が有効である．実際，その方法で関数 A を計算する Ver.2 の while プログラムの例を次に示す．ただし，s は上述のスタック内の数列のコードを記憶する変数であり，x と y は上式の n_i と m をそれぞれ記憶する変数である．また，$\langle\rangle$ は空列のコードを表す．初等関数 push, top, pop については例 2.4.6 を参照せよ．

```
input(x,y);
s := ⟨⟩;
while ¬[[x=0]∧[s=⟨⟩]] do
   [if x=0 then [x:=top(s); s:=pop(s); y:=y+1]
           else [if y=0 then [x:=x−̇1; y:=1]
                        else [s:=push(s, x−̇1); y:=y−̇1]]];
y:=y+1;
output(y)
```

4.10 ψ と ψ' を計算するプログラムをもとに φ を計算するプログラムを示す．または，φ を定義する漸化式を作り定理 4.4.2 を用いる．

4.11 この漸化式は $\varphi(\vec{x}, y) \stackrel{\text{def}}{=} \mu z[p(\vec{x}, z) \land y \leq z]$ を定義する．よって $y=0$ のとき $\varphi(\vec{x}, 0) \simeq \mu z[p(\vec{x}, z)]$ が成り立つ．

5.3 $\exp \in \mathcal{E} = \mathcal{F}_2$ を使い $\mathcal{E}'$ の構成に関する帰納法により $\mathcal{E}' \subseteq \mathcal{F}_2$ が示せる．逆は，$h_1^* \in \mathcal{E}'$ を示せばよいが，そのために足し算と掛け算が $\mathcal{E}'$ に属することをまず確かめる．

5.11 $(\exp_2)^*(x, y) \in \mathcal{F}_3$ より $f(y) = (\exp_2)^*(1, y) \in \mathcal{F}_3$．一方，$A_4(y) = f(y+3) \dot{-} 3$ かつ $A_4 \notin \mathcal{F}_2$ であるから $f \notin \mathcal{F}_2$．

5.12 3 変数関数 $H'(j, k, x) \stackrel{\text{def}}{=} h_j^k(x)$ が漸化式

$$\xi(j,k,x) = \begin{cases} x+k & j=0 \text{ または } k=0 \text{ のとき,} \\ \xi(j\dot{-}1,\xi(j,k\dot{-}1,x),\xi(j,k\dot{-}1,x)) & j,k>0 \text{ のとき} \end{cases}$$

により定義されることを確認し,定理 4.4.2 を適用して H' が再帰的関数であることを導く.

5.13

(1) $A_j(A_{j'}(y)) \leq A_{j+j'}(A_{j+j'+1}(y)) = A_{j+j'+1}(y+1) \leq A_{j+j'+2}(y)$ による.

(2) 原始再帰的関数 f の構成に関する帰納法による.f が原始再帰的関数の合成関数のときは (1) を用いる.f が原始再帰法で定義されているときは,$\forall y \forall \vec{z}\, [f(\vec{z},y) \leq A_j(\max_+(\vec{z})+y)]$ を満たす j があることをまず示す.

6.1 [*4)]

(1) 前者関数 $x\dot{-}1$ を計算する loop プログラム

        input(x);
        u := 0; <u>v := 1</u>;
        loop x do [if x = v then [ ] else [u := u+1; v := v+1]];
        output(u)

ここで u, v は初期値がそれぞれ 0, 1 で 2 行目の loop 文で $x \neq v$ が成り立つあいだ値を 1 ずつ加えるカウンタとして働き,最後に u の値を出力する.その結果,$x=0$ のとき $0\,(=x\dot{-}1)$ が,$x>0$ のとき $x-1\,(=x\dot{-}1)$ がそれぞれ出力される.

(2) 引き算 $x\dot{-}y$ を計算する(深さ 2 の)素朴な loop プログラムとして

        input(x,y); <u>u := x</u>; loop y do [<u>u := u $\dot{-}$ 1</u>]; output(u)

がある.一方,(1) のプログラムに若干変更を加えた次の loop プログラム

        input(x,y);
        u := 0; <u>v := y</u>;
        loop x do [if x = v then [ ] else [u := u+1; v := v+1]];
        <u>w := x+y</u>; if v = w then [u := 0] else [ ];
        output(u)

[*4)] 以下で <u>x := y</u> は x := 0; loop y do [x := x+1] を表し,<u>w := u+v</u> は u+v を計算する(入力変数が u, v で出力変数が w の)loop プログラムの本体を表す.その他のアンダーラインの部分についても同様である.また,if <u>x $\leq$ y</u> then... は <u>w := x$\dot{-}$y</u>; z := 0; if w = z then... の略記(ただし w, z は新しい変数)であり,不等式を含むその他の if 文についても同様である.

は深さが 1 で同じく引き算を計算する．実際，
- $x = 0$ のとき，(u, v) の最終値は $(0, y)$ で，$0 \ (= x \dot{-} y)$ を出力する．
- $x = y > 0$ のとき，loop の 1 回目で $x = v$ が成り立ち，(u, v) の最終値は $(0, y)$ で，$0 \ (= x \dot{-} y)$ を出力する．
- $x > y$ のとき，loop 文の中で $x = v$ が成り立つのは $(u, v) = (x - y, x)$ のときで，$x - y \ (= x \dot{-} y)$ を出力する．
- 上記以外のとき（すなわち $0 < x < y$ のとき），loop 文内で常に $x < y \leq v$ が成り立ち，loop 文の終了時に $(u, v) = (x, x + y)$ となる．そこで，u の値を補正し $0 \ (= x \dot{-} y)$ を出力する．

(4) 例えば $\max_+(x_1, x_2, x_3)$ の場合

input(x_1, x_2, x_3); z:=1; z:=max(z,x_1); z:=max(z,x_2); z:=max(z,x_3); output(z)

(5) 割り算 $x \div y$ を計算する loop プログラムの例

```
input(x,y);
r := x;
if y=0 then [q := x]
     else [q := 0;
           loop x do [if y ≤ r then [r:=r-̇y; q:=q+1] else [ ]]];
output(q)
```

索　引

記号

$\mathbb{N}$　自然数全体の集合　iv
$X \cup Y$　和集合　v
$X \cap Y$　共通部分　v
$X - Y$　差集合　v
$X \times Y$　直積　v
X^n　n 個の X の直積　v
$X \subseteq Y$　部分集合　v
$X \subset Y$　真部分集合　v
$\emptyset$　空集合　v

N プログラム　1
　——の命令　1
　　入力命令　1
　　代入命令　1
　　判定命令　1
　　出力命令　1
　——で計算される関数　2
　——の本体（body）　28, 115
　——の作業領域（work space）　59
　——の状態（state）　59
　——の計算のトレース（trace）　59
　Ver.0 の——　57
　Ver.1 の——　29
　Ver.2 の——　29
　$\#P$　Ver.0 の N プログラム P のコード　69
　N_0^n　n 変数の Ver.0 の N プログラム全体の集合　69
　$\mathcal{N} = \{\varphi_P | P$ は N プログラム$\}$　9, 54
$\mathcal{N}_0 = \{\varphi_P | P$ は Ver.0 の N プログラム$\}$　58
$\mathcal{N}_1 = \{\varphi_P | P$ は Ver.1 の N プログラム$\}$　29
$\mathcal{N}_2 = \{\varphi_P | P$ は Ver.2 の N プログラム$\}$　29

while プログラム　5
　——の文　5
　　代入文　5
　　if 文　5
　　while 文　5
　——の第一標準形定理　11
　——の第二標準形定理　35
　Ver.1 の——　30
　Ver.2 の——　30
　$\mathcal{W} = \{\varphi_P | P$ は while プログラム$\}$　9
　$\mathcal{W}_1 = \{\varphi_P | P$ は Ver.1 の while プログラム$\}$　42
　$\mathcal{W}_2 = \{\varphi_P | P$ は Ver.2 の while プログラム$\}$　42

$\mathrm{add}(x, y) = x + y$　足し算　19, 45
$\mathrm{sub}(x, y) = x \dot{-} y$　引き算　iv, 19, 46
$\mathrm{mult}(x, y) = x \times y$　掛け算　19, 46
$\mathrm{div}(x, y) = x \div y$　割り算　iv, 19, 49
$\mathrm{mod}(x, y) = x \dot{-} (x \div y) \times y$　2
$\gcd(x, y)$　最大公約数　2, 84
$\mathrm{case}(x, y, z)$　if $z = 0$ then x else y　選択関数　12
$\max_n(x_1, \ldots, x_n)$　14

索　引

$\min_n(x_1,\ldots,x_n)$　14
$\mathrm{zero}_n(\vec{x}) = 0$　零関数　19
$\mathrm{suc}(x) = x+1$　後者関数　19
$\mathrm{pred}(x) = x \dot{-} 1$　前者関数　47
$\mathrm{p}_{n,i}(x_1,\ldots,x_n) = x_i$　射影関数　19
$\mathrm{and}(x,y)$　22, 92
$\mathrm{or}(x,y)$　22, 92
$\mathrm{not}(x)$　22, 92
$\mathrm{fact}(x) = x!$　階乗関数　19
$\exp(x,y) = x^y$　指数関数　20
$\exp_2(y) = 2^y$　指数関数　50
$\mathrm{pr}(y)$　$y+1$ 番目の素数　25
$\mathrm{pwr}(x,y)$　x の素因数分解中の $\mathrm{pr}(y)$ のベキ　26
$G^{(m)}(x_1,x_2,\ldots,x_m) = \prod_{j=1}^{m} \mathrm{pr}(j)^{x_j+1}$
　数列の標準的コード関数　32
$\langle\vec{x}\rangle = G^{(m)}(\vec{x})$　数列 $\vec{x} \in \mathbb{N}^m$ の標準的コード　32
$\mathrm{lh}(\langle\vec{x}\rangle)$　数列 $\vec{x} \in \bigcup_{m>0} \mathbb{N}^m$ の長さ　32
$\mathrm{el}(\langle\vec{x}\rangle, y)$　数列 $\vec{x}$ の $y+1$ 番目の成分　32
$\mathrm{push}(\langle\vec{x}\rangle, y) = \langle\vec{x}, y\rangle$　34
$\mathrm{pop}(\langle\vec{x}, y\rangle) = \langle\vec{x}\rangle$　34
$\mathrm{top}(\langle\vec{x}, y\rangle) = y$　34
$\mathrm{append}(\langle\vec{x}\rangle, \langle\vec{y}\rangle) = \langle\vec{x}, \vec{y}\rangle$　43
$\mathrm{search}(\langle\vec{x}\rangle, y)$　43
$\mathrm{pair} : \mathbb{N}^2 \to \mathbb{N}$　同型なコード関数　43
$(\mathrm{left}, \mathrm{right})(x) = (\mathrm{left}(x), \mathrm{right}(x))$
　pair のデコード関数　80
$I^{(m)} : \mathbb{N}^m \to \mathbb{N}$　同型なコード関数　43
$\mathrm{ans}_P(v)$　N プログラム P の計算のトレース v からその計算結果を取り出す関数　60
$\mathrm{fib}(x)$　フィボナッチ関数　66
$s_{m,n}(z, \vec{y})$　81
$h_j(x)$　94
h_j の基本的性質　94
$h_j^*(x,y)$　$h_j(x)$ の反復関数　96
$\max_+(\vec{x}) = \max(\vec{x}, 1)$　99

$\mathrm{c}_p(\vec{x})$　述語 p の特性関数　20
$\mathrm{c}_{=0}(x)$　述語「$x=0$」の特性関数　21
$\mathrm{c}_\leq(x,y)$　述語「$x \leq y$」の特性関数　21
$\mathrm{c}_<(x,y)$　述語「$x < y$」の特性関数　21
$\mathrm{c}_=(x,y)$　述語「$x = y$」の特性関数　21
$\mathrm{c}_{\neq}(x,y)$　述語「$x \neq y$」の特性関数　21
$\neg p(\vec{x})$　述語 $p(\vec{x})$ の否定　22
$p(\vec{x}) \vee q(\vec{x})$　$p(\vec{x}), q(\vec{x})$ の論理和　22
$p(\vec{x}) \wedge q(\vec{x})$　$p(\vec{x}), q(\vec{x})$ の論理積　22
$p(\vec{x}) \to q(\vec{x})$　$p(\vec{x}), q(\vec{x})$ の含意　22
$p(\vec{x}) \leftrightarrow q(\vec{x})$　$p(\vec{x}), q(\vec{x})$ の同値　22
$\forall z [\cdots]$　全称記号　23
$\exists z [\cdots]$　存在記号　23
$\forall z < y [\cdots]$　有界全称記号　23
$\exists z < y [\cdots]$　有界存在記号　23

$x \mid y$　「x は y の約数である」　24
$\mathrm{prime}(x)$　「x は素数である」　24
$\mathrm{code}(x)$　「x はある数列のコードである」　33
$\mathrm{trace}_P(\vec{x}, v)$　「v は N プログラム P の入力データ $\vec{x}$ に対する計算のトレースである」　60
$\mathrm{halt}_n(z, \vec{x})$　75, 83
$\mathrm{total}_n(z)$　83
$\mathrm{const}_n(z)$　83
$\mathrm{undef}_n(z)$　83
$\mathrm{eq}_n(z, z')$　83
$\mathcal{E}_n(z)$　83
$\mathcal{P}_n(z)$　83

$f_+(\vec{x}, y) = \sum_{z<y} f(\vec{x}, z)$　総和関数　18
$f_\times(\vec{x}, y) = \prod_{z<y} f(\vec{x}, z)$　総積関数　18
$f_\diamond(\vec{x}, y) = \prod_{j<m} \mathrm{pr}(j)^{f(\vec{x}, j)+1}$　累積関数　33
$*$　反復演算　40
$f^*(x, y) = f^y(x)$　反復関数　40
$\circ$　合成演算　19, 53
$(f \circ (f_1, \ldots, f_m))(\vec{x}) = f(f_1(\vec{x}), \ldots, f_m(\vec{x}))$
　全域関数の合成関数　19

$(\psi \circ (\psi_1, \ldots, \psi_m))(\vec{x}) \simeq \psi(\psi_1(\vec{x}), \ldots, \psi_m(\vec{x}))$ 部分関数の合成関数 53

$\mu z < y[\cdots]$ 有界 μ 演算,有界最小解演算 25

$\mu z[\cdots]$ μ 演算,最小解演算 41, 63

$\varphi : \mathbb{N}^n \rightsquigarrow \mathbb{N}$ 「φ は n 変数の部分関数である」 3

$\mathrm{dom}(\varphi)$ φ の定義域 v

$\varphi(\vec{x}) \simeq \psi(\vec{x})$ 「$\varphi(\vec{x})$ と $\psi(\vec{x})$ は同じ値をもつか,ともに値をもたない」 9

$\varphi = \psi$ 「φ と ψ は関数として等しい」すなわち $\forall \vec{x}[\varphi(\vec{x}) \simeq \psi(\vec{x})]$ v, 9

$\varphi(\vec{x}) \downarrow$ 「$\varphi(\vec{x})$ は定義されている」 3

$\varphi(\vec{x}) \uparrow$ 「$\varphi(\vec{x})$ は定義されていない」 3

Γ_φ 関数 $\varphi : \mathbb{N}^n \rightsquigarrow \mathbb{N}$ のグラフ ($\subseteq \mathbb{N}^{n+1}$) vi, 17

$\mathrm{graph}_\varphi(\vec{x}, y)$ 集合 Γ_φ の述語表現 78

$\varphi_P(\vec{x})$ N プログラム P で計算される関数 2

$\gamma_n(z, \vec{x})$ n 変数の再帰的関数全体に対する万能関数 69

U_n n 変数の再帰的関数全体に対する万能プログラム 71

$\{e\}_n(\vec{x})$ 指標が e の n 変数の再帰的関数 71

$\gamma(z, \langle \vec{x} \rangle)$ 再帰的関数全体に対する万能関数 72

U 再帰的関数全体に対する万能プログラム 72

$\epsilon_n(\vec{x})$ 定義域が $\emptyset$ の n 変数の関数 71

E_n $\epsilon_n : \mathbb{N}^n \rightsquigarrow \mathbb{N}$ を計算する N プログラム 71

$y := f(\vec{x})$ 全域関数 f を計算する N プログラムの本体の省略形 28

$y :\simeq \varphi(\vec{x})$ 部分関数 φ を計算する N プログラムの本体の省略形 57

$\mathcal{E}$ 初等関数全体の集合 19

$\mathcal{P}$ 原始再帰的関数全体の集合 49

$\mathcal{R}$ 再帰的関数全体の集合 54

$[\mathcal{E}; \circ, *]$ 初等関数と合成 $\circ$ と反復 $*$ により生成される集合 49

$[\mathcal{E}; \circ, \mu]$ 初等関数と合成 $\circ$ と μ 演算により生成される集合 62, 64

$[\mathcal{P}; \circ, \mu]$ 原始再帰的関数と合成 $\circ$ と μ 演算により生成される集合 64

$[\mathcal{R}; \circ, \mu]$ 再帰的関数と合成 $\circ$ と μ 演算により生成される集合 64

$\mathcal{F}_j$ $\mathcal{P}$ の階層 $\{\mathcal{F}_j\}$ の $j+1$ 番目の集合 96

$\mathcal{L}_j$ loop プログラムに基づく $\mathcal{P}$ の階層 $\{\mathcal{L}_j\}$ の $j+1$ 番目の集合 117

loop プログラム 115
——の文 115
代入文 115
複合文 116
if 文 116
loop 文 116
——の深さ 117
——の文の深さ 116
——のステップ数 118

$d(P)$ loop プログラム P の深さ 117

$d(s)$ loop プログラムの文 s の深さ 116

$\sigma_{s,\vec{x}}$ loop プログラムの状態遷移関数 119

P_{time} loop プログラム P の時間計測プログラム 118

τ_P P_{time} の計算する関数 118

ア 行

アッカーマン関数(Ackermann function) 85, 109

1 対 1 関数(one-to-one function) v

一般再帰的関数(general recursive function) 135

インタプリタ(interpreter) 67

索　引　　　153

上への関数（onto function）　v

エラトステネスの篩（Eratosthenes sieve）　43
エルブラン–ゲーデルの再帰的関数（Herbrand–Gödel recursive function）　135
演算 α のもとで閉じている（closed under α）　17

オペレーティングシステム（operating system）　67

カ　行

拡大（extension）　vi
可算集合（countable set）　v
　高々——　v
カルマー（L. Kalmar）　ii
含意（implication）　22
関数（function）
　同型——　v
　部分——　3
　全域——　3
　総和——　18
　総積——　18
　合成——　19
　一般の合成——　20, 42
　初等——　19
　コード/デコード——　31
　コード/デコード——の基本的性質　34
　累積——　33
　反復——　40, 47
　初期——　48
　原始再帰的——　48
　再帰的——　53
　一般再帰的——　135
　計算可能——　65
　$\mathcal{F}_j$ ——　97
　$\mathcal{F}_j$ ——の上界　99
　$\mathcal{L}_j$ ——　117
　——の定義域（domain）　v

　——の値域（image）　v
　——として等しい　v
　——変数　85
　——方程式　85
　——方程式の解　85
関数演算（operation for functions）
　総和演算　18
　総積演算　18
　合成演算　vi, 19, 53
　反復演算　40
　μ 演算　41, 63
カントール（G. Cantor）　133

機械的手順（mechanical procedure）　133
帰納的関数（recursive functions）　i
帰納法（induction）
　完全——　iv
　数学的——　iv
　構成に関する——　16
基本ソフトウェア（operating system）　67

空文（empty statement）　116
空列（empty sequence）　v
クリーネ（S. C. Kleene）　ii
グルジェゴルチック階層（Grzegorczyk hierarchy）　ii

計算（computation）
　——可能（computable）　65
　——の複雑さ（complexity of computation）　ii
　——モデル（computation model）　i
　——論（theory of computation）　i
形式化（formalize）　132
形式系（formal system）　133
形式的体系（formal system）　133
　——の公理（axiom）　133
　——の推論規則（inference rule）　133
　——の証明（proof）　133
　——の論理式（formula）　132
結合法則（associative law）　vi

索 引

ゲーデル（K. Gödel） 132
 ——の不完全性定理 132, 137
原始再帰的関数（primitive recursive function） 48
 ——全体の集合 $\mathcal{P}$ 49
 ——の階層 $\{\mathcal{F}_j\}$ 96

公理系（axiom system） 133
コード（code） 31, 32
 ——関数（coding function） 31
 ——関数の基本的性質 34
 デコード関数（decoding function） 31
コンピュータ（computer） i

サ 行

再帰的関数（recursive function） 53
 ——全体の集合 $\mathcal{R}$ 54
 ——の指標 71
 ——の枚挙定理 71
 原始—— 48
再帰的定義（recursive definition） 16, 85
 集合の—— 17
 関数の——（recursion） 17, 85
再帰法（recursion） 134
 原始——（primitive——） 46, 134
 限定原始——（bounded primitive——） 91
 同時——（simultaneous——） 65
 累積——（course of value recursion） 66
再帰呼び出し（recursive call） 88
最小解関数（minimization function） 40
 有界—— 25
 述語の—— 40
 全域関数の—— 41
 部分関数の—— 63
最大公約数（greatest common divisor） 2, 84

式（expression, formula）
 算術——（arithmetic expression） 1, 15
 初等——（elementary expression） 42
 漸化——（recursion formula） 85, 87
 漸化——による関数定義 85
 論理——（logical formula） 132
自然数（natural number） iv, 16
 ——に対する四則演算 iv
 ——全体の集合 iv, 17
射影関数（projection function） 19
述語（predicate） 20
 ——の最小解関数 40
 ——の特性関数 20
 初等—— ii, 19
 原始再帰的—— 76
 再帰的—— 74
 決定可能な—— 74
 決定不能な—— 74
 準決定可能な—— 75
 再帰的枚挙可能な—— 80
 集合の——表現 75
 ——の集合表現 75
 $\mathcal{F}_j$—— 97
 $\mathcal{L}_j$—— 117
初等関数/述語の例
 素数関係 24〜26
 コード/デコード関数 31〜33, 43
 スタックの基本演算 34
 N プログラムによる計算のトレースに関する述語および関数 60
 万能関数を構成する関数および述語のうち μ 演算を含まないもの 64
初等関数でない原始再帰的関数の例（$\mathcal{E} = \mathcal{F}_2 \subset \bigcup_{2<j} \mathcal{F}_j = \mathcal{P}$ に注意） 101, 104, 112

スコット（D. Scott） 136
スタック（stack） 34

全域関数（total function） 3
 ——の合成関数 19
 ——の最小解関数 41

索　引　　　　　　　　　155

素因数分解（prime factorization）　24, 42
素数（prime number）　24, 42

　　　　　タ　行

代入（assignment）
　逐次——　10
　同時——　10
　——文　5
　——命令　1
単調増加関数（increasing function）　vi
単調非減少関数（non-decreasing function）　vi

逐次代入（sequential assignment）　10
チャーチ（A. Church）　136
チューリング（A. Turing）　136
チューリングマシン（Turing machine）　136
直積（direct product）　v

定義域（domain）　v
定理（theorem）
　while プログラムの第一標準形——　11
　while プログラムの第二標準形——　35
　クリーネの標準形——　60
　再帰的関数の枚挙——　71
　パラメータ——　81
　再帰——　82
　不動点——　82
　ライスの——　82
　不完全性——　132, 137
デコード関数（decoding function）　31
デデキント（R. Dedekind）　18

同時再帰法（simultaneous recursion）　65
同時代入（simultaneous assignment）　10
同値（equivalence）　22
特性関数（characteristic function）　20
ド・モルガンの法則（量化記号に関する）　77

　　　　　ハ　行

場合分けによる定義（definition by cases）　21, 74
パラドックス（paradox）　133
万能関数（universal function）　67, 72
万能プログラム（universal program）　67, 72
反復演算（iteration）　40
反復関数（iteration function）　40, 47

否定（negation）　22
ヒルベルト（D. Hilbert）　138

不完全性定理（incompleteness theorem）　132
不動点定理（fixed-point theorem）　82
部分関数（partial function）　3
　——の合成関数　53
　——の最小解関数　63
　——の定義域　3
　真——　40
部分集合（subset）　iv
フレーゲ（G. Frege）　133
プログラムカウンタ（program counter）　7
プログラムの停止問題（halting problem of programs）　75, 83

変数（variable）
　関数——（function——）　85
　自由——（free——）　23
　出力——（output——）　1
　束縛——（bound——）　23
　入力——（input——）　1

　　　　　マ　行

矛盾（inconsistent）　134
　無——（consistent）　134

ヤ　行

約数（divisor）　24
　　真の――　24

有界最小解関数（bounded minimization function）　25
有界全称記号（bounded universal quantifier）　23
有界存在記号（bounded existential quantifier）　23

ラ　行

ライスの定理（Rice's theorem）　82

λ 計算（λ-calculus）　135

累積関数（course-of-value function）　33
累積帰納法（course-of-value induction）　iv
累積再帰法（course-of-value recursion）　66

論理式（formula）　132
論理積（logical and）　22
論理和（logical or）　22

著者略歴

高橋 正子（たかはし まさこ）
1939 年　東京都に生まれる
1972 年　ペンシルベニア大学博士課程修了
現　在　東京工業大学名誉教授
　　　　Ph. D.
主　著　『計算論―計算可能性とラムダ計算―』（近代科学社，1991 年）

現代基礎数学 2
コンピュータと数学　　　　定価はカバーに表示

2016 年 5 月 15 日　初版第 1 刷

著　者　高　橋　正　子
発行者　朝　倉　誠　造
発行所　株式会社　朝　倉　書　店

東京都新宿区新小川町6-29
郵便番号　162-8707
電　話　03(3260)0141
ＦＡＸ　03(3260)0180
http://www.asakura.co.jp

〈検印省略〉

© 2016〈無断複写・転載を禁ず〉　　中央印刷・渡辺製本

ISBN 978-4-254-11752-3　C 3341　　Printed in Japan

JCOPY　〈(社)出版者著作権管理機構 委託出版物〉

本書の無断複写は著作権法上での例外を除き禁じられています．複写される場合は，そのつど事前に，(社)出版者著作権管理機構（電話 03-3513-6969，FAX 03-3513-6979，e-mail: info@jcopy.or.jp）の許諾を得てください．

現代基礎数学

新井仁之・小島定吉・清水勇二・渡辺 治 ［編集］

1	数学の言葉と論理	渡辺 治・北野晃朗・木村泰紀・谷口雅治	本体 3300 円
2	コンピュータと数学	高橋正子	
3	線形代数の基礎	和田昌昭	本体 2800 円
4	線形代数と正多面体	小林正典	本体 3300 円
5	多項式と計算代数	横山和弘	
6	初等整数論と暗号	内山成憲・藤岡 淳・藤崎英一郎	
7	微積分の基礎	浦川 肇	本体 3300 円
8	微積分の発展	細野 忍	本体 2800 円
9	複素関数論	柴 雅和	本体 3600 円
10	応用微分方程式	小川卓克	
11	フーリエ解析とウェーブレット	新井仁之	
12	位相空間とその応用	北田韶彦	本体 2800 円
13	確率と統計	藤澤洋徳	本体 3300 円
14	離散構造	小島定吉	本体 2800 円
15	数理論理学	鹿島 亮	本体 3300 円
16	圏と加群	清水勇二	
17	有限体と代数曲線	諏訪紀幸	
18	曲面と可積分系	井ノ口順一	本体 3300 円
19	群論と幾何学	藤原耕二	
20	ディリクレ形式入門	竹田雅好・桑江一洋	
21	非線形偏微分方程式	柴田良弘・久保隆徹	本体 3300 円

上記価格（税別）は 2016 年 4 月現在